药用植物学实验指导

供中药学类·药学类专业用

主编

倪梁红　吴靳荣　赵志礼

上海科学技术出版社

图书在版编目（CIP）数据

药用植物学实验指导 / 倪梁红，吴靳荣，赵志礼主编. -- 上海 : 上海科学技术出版社，2025.7. -- ISBN 978-7-5478-7175-1

Ⅰ. Q949.95-33

中国国家版本馆CIP数据核字第2025EA2934号

药用植物学实验指导

主编 倪梁红 吴靳荣 赵志礼

上海世纪出版(集团)有限公司 出版、发行
上海科学技术出版社
(上海市闵行区号景路159弄A座9F-10F)
邮政编码 201101　www.sstp.cn
上海展强印刷有限公司印刷
开本 787×1092　1/16　印张 7
字数 170 千字
2025 年 7 月第 1 版　2025 年 7 月第 1 次印刷
ISBN 978-7-5478-7175-1/R·3277
定价：68.00 元

本书如有缺页、错装或坏损等严重质量问题，请向印刷厂联系调换电话：021-66366565

编委会名单

—— 主 编

倪梁红　吴靳荣　赵志礼

—— 编 委（按姓氏笔画排序）

冯婧娴　李　惠　吴靳荣

宋　龙　张红梅　赵志礼

倪梁红

编 写 说 明

实验教学是药用植物学课程教学的重要组成部分。通过实验课学习，理论知识与实践操作有机结合，能使学生更好地掌握、理解药用植物学理论，提升专业实验技能与素养，为后续相关课程学习、药材鉴定及判断植物来源等工作的开展打下坚实基础。

《药用植物学实验指导》是一本专为中药学、中药资源学及药学等相关专业编写的实验教材，旨在构建学生的系统药用植物学实验课框架，培养扎实的药用植物学实验技能及应用所学理论知识解决实际问题的能力。

本教材基于教学团队多年教学实践及积累的药用植物细胞、组织、器官构造和形态解剖特征图谱等资料编写而成，具有原创性。全书分上、下两篇，共19章：上篇为药用植物学实验技术与方法，重点介绍实验基本方法、操作程序与要点；下篇涵盖了药用植物学具体实验内容，每章实验内容之后附有作业和思考题。为了提高教材的适用性，实验材料设计尽可能选用常见药用植物种类作为观察对象，各地使用者可根据具体地区植被特点及季节等因素适当调整。

由于编者水平所限，书中不妥之处敬请读者及时给予反馈，以利再版时修订改进。

《药用植物学实验指导》编委会

2025年4月

目　　录

上篇　药用植物学实验技术与方法

第一章　显微镜的构造与使用 / 3
　　一、生物显微镜 / 3
　　二、体式显微镜（解剖镜）/ 5
　　三、电子显微镜 / 6

第二章　药用植物装片的制作方法 / 8
　　一、粉末制片法 / 8
　　二、石蜡切片法 / 8
　　三、表面制片法 / 9
　　四、解离制片法 / 9
　　五、徒手切片法 / 9
　　六、压片制片法 / 10
　　七、冰冻切片法 / 10

第三章　绘图及显微测量技术 / 11
　　一、药用植物形态图的绘制 / 11
　　二、药用植物构造图的绘制 / 11
　　三、显微测量技术 / 12

第四章　标本采集与制作 / 15
　　一、药用植物标本的采集 / 15

二、药用植物腊叶标本的制作 / 17

第五章　植物分类检索表 / 19
一、植物分类检索表的类型 / 19
二、植物分类检索表的使用 / 19
三、植物分类检索表的编制 / 19

第六章　药用植物 DNA 条形码技术 / 21
一、基因组 DNA 提取（CTAB 法）/ 21
二、PCR 扩增 / 21
三、琼脂糖凝胶电泳检测 DNA / 22
四、药用植物的 DNA 分子鉴定 / 23
附表　常用试剂及配制方法 / 24

下篇　药用植物学实验内容

第七章　植物的细胞 / 27
一、细胞基本结构 / 27
二、后含物 / 29
三、细胞壁 / 31

第八章　植物的组织（一）/ 33
一、分生组织 / 33
二、薄壁组织 / 34
三、保护组织 / 37

第九章　植物的组织（二）/ 41
一、机械组织 / 41

二、输导组织 / 42

三、分泌组织 / 44

第十章 根的形态与构造 / 47

一、根系 / 47

二、根的变态 / 47

三、根的显微构造 / 48

第十一章 茎的形态与构造 / 52

一、茎的形态 / 52

二、茎的变态 / 52

三、茎的显微构造 / 53

第十二章 叶的形态与构造 / 58

一、叶的形态 / 58

二、叶的变态 / 58

三、叶的显微构造 / 59

第十三章 花的形态与花序 / 61

一、花的组成 / 61

二、雄蕊的类型 / 61

三、雌蕊的类型 / 63

四、子房的位置 / 63

五、胎座的类型 / 64

六、花序的类型 / 65

第十四章 果实和种子的形态 / 66

一、果实的形态和类型 / 66

二、种子的形态和类型 / 68

第十五章 低等植物 / 70

一、藻类植物 / 70

二、菌类植物 / 71

三、地衣植物 / 72

第十六章 高等植物（一）——苔藓植物 / 74

一、苔纲植物 / 74

二、藓纲植物 / 76

第十七章 高等植物（二）——蕨类植物 / 78

一、孢子体形态 / 78

二、孢子囊形态 / 78

三、配子体构造 / 79

四、孢子体组织构造 / 80

第十八章 高等植物（三）——裸子植物 / 83

一、苏铁纲 Cycadopsida / 83

二、银杏纲 Ginkgopsida / 83

三、松柏纲 Coniferopsida / 83

第十九章 高等植物（四）——被子植物 / 87

一、石竹科 Caryophyllaceae / 87

二、毛茛科 Ranunculaceae / 87

三、芍药科 Paeoniaceae / 87

四、木兰科 Magnoliaceae / 90

五、十字花科 Cruciferae / 90

六、蔷薇科 Rosaceae / 90

七、豆科 Leguminosae / 92

八、夹竹桃科 Apocynaceae / 92

九、唇形科 Labiatae ／92

十、玄参科 Scrophulariaceae ／95

十一、菊科 Compositae ／95

十二、鸢尾科 Iridaceae ／95

十三、兰科 Orchidaceae ／97

上篇

药用植物学实验技术与方法

第一章
显微镜的构造与使用

一、生物显微镜

(一) 生物显微镜的构造

生物显微镜由机械部件和光学系统组成。机械部件用于装置光学系统,光学系统用于保证成像。(图1-1)

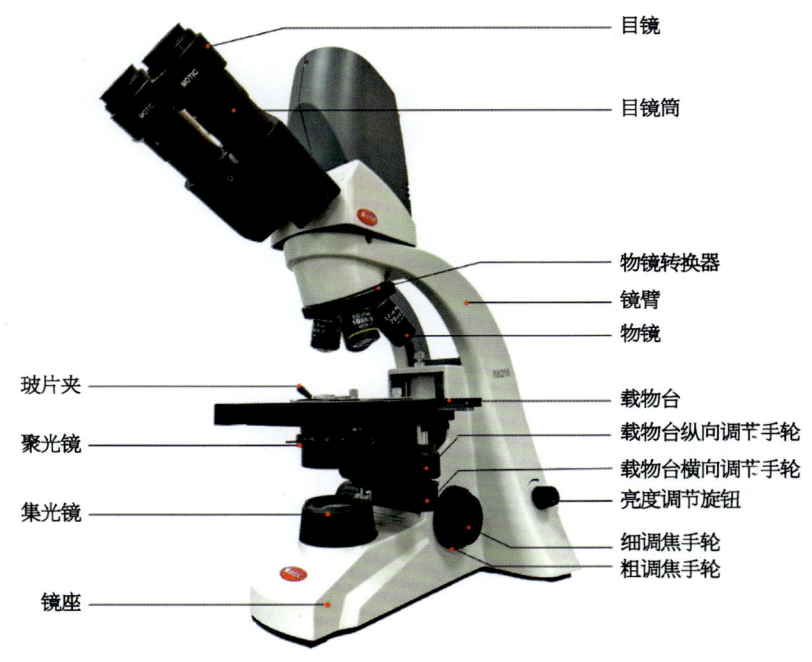

图1-1 生物显微镜

1. 机械部件

(1) 镜座:显微镜的底座,用于稳固和支持镜体。

(2) 镜臂:弯曲如臂,为取放镜体时手握部分。

(3) 目镜筒:圆形中空的长筒,上端安置目镜,下端连接物镜转换器,并让目镜和物镜保持一定距离。

(4) 物镜转换器:在镜筒的下端,呈盘状,有四个安装物镜的圆孔,可安装不同放大倍数的物镜。

(5) 载物台:放置标本玻片的方形平台。中央有一个通光孔。玻片用玻片夹固定,旋转载物台右下方的调节手轮,可使玻片水平纵向或横向移动。

(6) 调焦装置:用于调节物镜和标本间的距离,调焦以得到清晰的物像。在镜臂的下端两侧,有两对手轮,大的一对称粗调焦手轮,小的一对称细调焦手轮,旋转可使载物台垂直移动。使用时必须先调粗调焦手轮看到物像后,再用细调焦手轮调至清晰。

2. 光学系统

(1) 光源:一般安装在镜座上,通过镜座上的开关控制灯泡,镜座上还有一个调节亮度的旋钮。集光镜对来自光源的光线进行聚集,再聚焦到聚光镜光阑所在的平面。

(2) 聚光镜:装于载物台通光孔的下方,用以聚集光线照射在标本上,调节适宜的视野亮度。

(3) 物镜:在物镜转换器上,通常有四个物镜。低倍物镜放大倍数有 4× 和 10× 两种。高倍物镜通常为 20× 和 40× 物镜。有些物镜上标有该物镜主要性能参数,如在 10 倍的物镜上标有 10×/0.25 和 ∞/0.17,其中 10 是代表它的放大倍数,0.25 是镜口率(数值孔径),0.17 是所要求的盖玻片厚度(mm)。

(4) 目镜:把物镜的成像进一步放大。在镜筒的上端,其上刻有放大倍数,如 8×、10×、15× 等。

显微镜放大倍数的计算方法:目镜的放大倍数×物镜的放大倍数=显微镜的放大倍数。例如使用一个规格为 10× 的目镜和一个 40× 的物镜,则显微镜的放大倍数是 10×40=400(倍)。

(二) 生物显微镜的成像放大原理

显微镜成像时,光线进入聚光镜,汇集成束,然后通过通光孔射到标本上。物镜将标本第一次放大,并在目镜内形成一个倒置的实像。目镜将第一次放大的物像进行第二次放大,这时看到的物像是经过两次放大的倒置虚像。

(三) 生物显微镜的使用方法

1. 取镜　把显微镜从显微镜箱内取出时,用右手紧握镜臂,左手托住镜座,保持镜体直立,平稳地将显微镜搬运到桌上。严禁用单手提着显微镜走动,防止目镜滑出。

2. 对光　转动 4× 物镜至镜筒正下方,对准通光孔,打开电源开关,调节亮度。

3. 低倍镜的使用方法　任何标本,须从低倍镜开始观察,因为低倍镜的视野广阔,容易发现目标和确定观察的位置。

(1) 装片:把标本玻片放在载物台上,盖玻片朝上,用玻片夹固定住,水平移动,使观察的材料正对通光孔。

(2) 对焦:转动粗调焦手轮,先缓慢上升载物台,防止上升过度,损坏镜头和标本。同时双眼通过目镜观察,直到看见物像。观察时可转动载物台调节手轮,使标本玻片水平移动至光轴中心的最佳位置。最后轻微转动细调焦手轮,直至观察到清晰的物像。

4. 高倍镜的使用方法

(1) 选择目标:高倍镜是将低倍镜视野中心部分加以放大,应在低倍镜观察时将目标移至视野的中心,再转动物镜转换器到高倍镜。

(2) 调整焦距:转到高倍镜后,调动细调焦手轮,直至可见清晰的物像。因高倍镜工作距离很短,只能使用细调焦手轮进行调节。

(3) 调节亮度：在用高倍镜观察时，视野变小、变暗，所以要重新调节视野的亮度，此时可以用聚光镜、孔径光阑、光源等调节。

5. **收镜** 观察结束，转动物镜转换器至低倍镜，降低载物台，取下标本玻片。转动物镜转换器，使物镜镜头与通光孔错开。将灯光亮度调节至最小，关闭电源，拔下插座。右手握住镜臂，左手平托镜座按编号放回镜箱。

（四）生物显微镜的使用注意事项

(1) 保持清洁。机械部件可用软毛巾擦拭，光学系统的灰尘可用洗耳球吹去，再用擦镜纸轻擦。若镜头有油污，用擦镜纸蘸少许清洁剂(乙醚和无水乙醇 7∶3 的混合液)擦去镜头上的污渍。

(2) 标本必须盖上盖玻片，并尽可能避免载物台倾斜，以免溶液流动，影响观察，污染镜体。

(3) 不用时应加防尘罩，或及时放回镜箱内。

二、体式显微镜（解剖镜）

（一）体式显微镜的构造

与显微镜一样，体式显微镜也包括机械部件和光学系统两部分。（图 1-2）

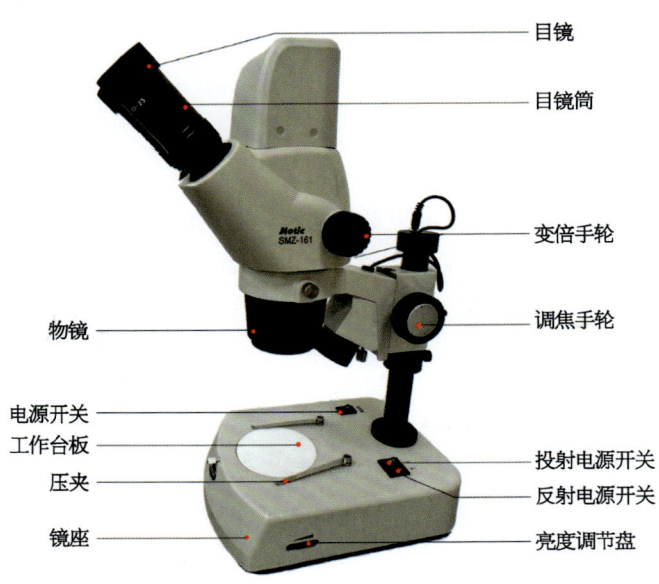

图 1-2 体式显微镜

1. 机械部件

(1) 镜座：体式显微镜的底座，起固定和支持镜体的作用。

(2) 工作台板：在镜座的中间，常有黑、白两面（可翻动换面）。台板的后方有两个压夹，可用来固定材料。

(3) 调焦手轮：转动该手轮可使镜身升降，用以调节焦距。

(4) 变倍手轮：转动该手轮可以改变物镜的放大倍数。

(5) 目镜筒：位于镜体的上方，可调节两个目镜筒间的距离与观察者瞳距一致。

2. 光学系统

(1) 目镜：安装在镜筒上端。将被物镜放大了的实像进一步放大，有 10×、20× 等。

(2) 变倍物镜：物镜的放大倍数范围为 1×～4×。

(二) 体式显微镜的使用方法

1. 取镜　取镜时须一手握住镜臂，一手托住镜座。根据观察的材料颜色，选择载物台的黑面或白面。

2. 对光　将观察材料放至载物台的中心，打开电源开关，调节到所需亮度。

3. 调焦　将变倍手轮旋至 1，再转动调焦手轮，直至能看到清晰的物像再旋转变倍手轮放大至适合大小。如不清晰，可用调焦手轮微调，调到清晰。

4. 还镜　取下材料，清洁工作台板，亮度调至最低，关闭电源，拔下插座，罩上防尘罩，将体式显微镜归于原处。

(三) 体式显微镜的使用注意事项

(1) 注意光学系统防霉、防腐蚀和防止磨损。

(2) 解剖镜镜头有污渍时，可用擦镜纸蘸少许清洁剂（乙醚和无水乙醇 7∶3 的混合液）擦拭。任何手轮转动有困难时绝不可过度使力，要查明原因，清除障碍后再使用。

(3) 不用时，放入镜箱内或用防尘罩罩好。

三、电子显微镜

电子显微镜（简称电镜）是科学技术中重要的工具。电镜的一个特点是放大倍数高，可以看到在光学显微镜下不能看到的结构；另一个特点是分辨率高，在同样的放大倍数下，光学显微镜看不清楚的结构，在电子显微镜下能看清楚。

电子显微镜的工作原理与光学显微镜类似，但用电子束代替了可见光，电磁透镜代替了玻璃透镜。又因为空气阻碍电子束，因此电镜内部需保持真空。电子束的穿透能力很差，所以要将样品切成超薄切片（厚度为 60～90 nm）才能观察。

根据电子束的性质种类及穿透不同，电子显微镜分为透射电子显微镜和扫描电子显微镜两大类。

(一) 透射电子显微镜

透射电子显微镜是指利用透射电子成像的显微镜，在电镜中所占比例最高，样品为超薄切片，主要观察二维结构。透射电镜的基本构造主要包括电子光学系统、真空系统、电路系统及附件四个部分，其中电子光学系统是电镜的主体，包括以下结构。

1. 电子枪　是电镜的光源部分，由阴极、栅极和阳极三部分组成，位于电镜的最上端。

2. 聚光镜（电磁透镜）　是铜线绕成的线圈。当电流通过线圈时，产生磁场。聚光镜通过改变线圈中的电流来调节磁场强度，从而控制电子束的会聚点位置和束斑大小。

3. 样品室（台）　在聚光镜的下面，用于装载和移动样品。

4. 物像显示(终像)　在光学系统的荧光屏上,可直接从观察窗来观察物像。

(二) 扫描电子显微镜

扫描电子显微镜主要用来观察固体表面的特征,电子束不穿过样品,而是通过扫描样品表面并收集发射的二次电子信号来获得图像。扫描电子显微镜可以用来观察表面亚显微结构。植物学等领域中用以观察气孔、毛茸、花粉粒、纤维、角质层、导管等表面特征。扫描电镜具有以下特点。

(1) 可使样品呈现有真实感的立体图像,具明显的三维结构特征。
(2) 范围广,分辨能力高。当调好焦距时,可以任意改变放大倍数。
(3) 样品可作水平移动和转动,能够观察各个部分。
(4) 样品制备操作比较简单。
(5) 可以分析样品的成分和元素分布。

(三) 电子显微镜的使用

电镜属于高级精密仪器,一般由专门人员进行操作。因此,关于电镜的操作技术在此不进行介绍。一般应用者,重点应注意超薄切片的制作方法和在电镜下识别亚显微结构的能力。

第二章
药用植物装片的制作方法

一、粉末制片法

1. 水装片 在载玻片中间滴加 2～3 滴蒸馏水,加入适量粉末,用解剖针或镊子尖搅拌均匀,用盖玻片封片,于显微镜下观察。水装片常用于观察淀粉粒。

2. 稀碘液装片 稀碘液装片常被用来检测药材粉末中是否有淀粉粒。取少量药材粉末置于载玻片中间,滴加 1 滴稀碘液,于显微镜下观察,如果粉末中有淀粉粒存在,将观察到被染成蓝紫色或黑蓝色的淀粉粒。

3. 水合氯醛装片 水合氯醛为一种常用的透化剂,能溶解蛋白质、淀粉粒、挥发油、树脂等,并使干燥的细胞组织膨胀,适合观察组织细胞形态。在载玻片中间滴加 2～3 滴水合氯醛,加入适量粉末,用解剖针或镊子尖搅拌均匀,置于酒精灯上微微加热至将要沸腾,注意不要烧干。再滴加水合氯醛 1～2 滴,重复透化 2～3 次,等载玻片略为冷却后,滴加稀甘油 1～2 滴,用盖玻片封片。

二、石蜡切片法

石蜡切片法是用石蜡作为支持剂进行切片的方法,是显微技术中常用的方法。该方法可切成极薄的切片,且能制作连续切片,切片可长期保存。主要步骤如下。

1. 取材及固定 选取典型而有代表性的材料,切割成直径不超过 0.5 cm 的小段,如果材料较粗,可在每段的基础上经过中心做 1/2、1/4、1/8 等的等份切割,且保证观察具体部位准确而不受破坏。将材料放在甲醛-乙酸-乙醇固定液(FAA 固定液)中 12～24 h,如果是干燥药材,可事先用水或稀甘油浸泡一定时间后再固定,固定液的用量最少要为材料体积的 20 倍。材料放到固定液中以后,用注射器进行抽气,特别是质地松软的材料,抽气要彻底,否则难以包埋浸蜡。

2. 脱水 经过固定后的材料先用流水冲洗,然后将材料中的水分除去,这一过程称为脱水。将冲洗后的材料按次序放进 50%、70%、80%、90%、95%、100%的乙醇中,每级停留的时间视材料大小而定,一般为 2～4 h,在 95%和 100%的乙醇中时间不可太长,以免材料变脆。如果不能在一日内完成脱水,可将材料置于 70%的乙醇中过夜。

3. 透明 透明的目的在于用透明剂置换出无水乙醇,常用的透明剂为二甲苯。采用梯度的方法,将材料按次序放入与乙醇配制成的 25%、50%、75%、100%二甲苯。材料在每级中停留 2～3 h,100%二甲苯中应重复一次。

4. 浸蜡 浸蜡的目的是将溶于透明剂中的石蜡浸入到材料的组织中,最后由石蜡完全替代透明剂。石蜡可选用软蜡和硬蜡两种,冬天室温较低时多用软蜡(熔点为 45～50 ℃),夏天室温较高时多用硬蜡(熔点为56~58 ℃)。将石蜡切成小块,然后在盛有材料及透明剂的玻璃管里放入石蜡,其量与透明剂相同。然后将玻璃管放入35 ℃恒温箱中,6 h后打开瓶盖将其移入50 ℃恒温箱中,让透明剂慢慢挥发,石蜡的浓度逐渐变浓,2 h后把材料取出放入盛有熔化后的石蜡中,2~4 h换一次纯蜡,再过3~4 h即可包埋。

5. 包埋 将熔化的石蜡连同材料一起转移至模具内,立刻用加热的镊子把材料按需要的切片排列整齐,等石蜡的表面凝固后,将其连同模具一起浸入水中,待完全凝固后,即成蜡块。

6. 切片 取包埋好的蜡块,将周围多余的石蜡切去,修成正方形或梯形,将其粘在小木块上,固定在切片机上,调好距离和所要求的切片厚度,然后摇动手柄,即可进行切片。一般生物切片的厚度在5~10 μm。

7. 展片和粘片 切下的蜡片往往带有皱褶,必须进行展片和粘片,即把蜡片平整地粘在载玻片上,将蜡片置于温水中充分展平。载玻片上涂一薄层蛋白甘油,将水中取出的蜡片平铺在载玻片上,置38 ℃烘箱中烘干。

8. 脱蜡 将粘好烘干的切片移入二甲苯中10~15 min,再换二甲苯一次,使渗入组织中的石蜡全部溶去。

9. 染色制片 将溶去石蜡的切片依次转入以下几个梯度的溶剂中,分别为:50%二甲苯与50%乙醇混合剂→100%乙醇→95%乙醇→85%乙醇→70%乙醇→番红溶液中染色0.5~1 h→70%乙醇→85%乙醇→固绿溶液中染色5~30 s→95%乙醇→100%乙醇 2 min→100%乙醇 2 min→100%二甲苯 10 min→100%二甲苯 10~30 min,用加拿大树胶封片。

三、表面制片法

表面制片法是一种常用的临时制片法,适用于新鲜的叶类、草类药材的临时观察,也可用于一些干燥的叶类和草类药材处理后的制片观察,如表皮细胞及气孔、毛茸等的观察。

以洋葱鳞叶表皮细胞的观察为例。在载玻片中间滴加1滴蒸馏水,在鳞叶上用刀片划出一个小方块,用镊子撕取表皮放在载玻片上,再滴加1滴蒸馏水,用镊子或针展平后,封片观察。

四、解离制片法

利用某些特殊的化学试剂对药材进行解离,将细胞的胞间层溶解,使细胞彼此分离,利用这种方法制片称解离制片。解离液的选择根据药材的特点而定,如果材料中木质化细胞少,可用氢氧化钾(钠)溶液。如果材料中木质化细胞较多,可用硝铬酸或氯酸钾溶液。解离前,将材料切成长约1 cm的小条,置于试管中,加入约为材料20倍的解离液,在酒精灯上或恒温箱中加热,加热时间根据具体要求而定。

五、徒手切片法

徒手切片法快捷、简单、省时,可用于对组织做临时观察。将材料切成直径不超过4或5 mm的小块。左手拇指和示指夹住材料,材料上端突出1~2 mm,两臂夹紧,右手持刀片,先在水中蘸一下,刀口向内,从外向内水平匀力运刀,将切下的材料放在水中。如果材料较软,可用胡萝卜条夹住再切。将材料切出数个切片后,选取薄而完整的切片,放在载玻片上,根据需要加水、稀甘油或其他试剂封片。

六、压片制片法

压片制片是细胞学研究、染色体观察等常用的一种方法。例如在染色体核型分析中,首先将材料经盐酸或果胶酶解离后,使材料变软,细胞易于分散,将其放到载玻片上封片后,轻轻敲击,可将细胞彼此分开,减少细胞彼此的覆盖,提高观察效果。

七、冰冻切片法

冰冻切片法适用于含水较多的材料。新鲜材料可以不经固定脱水,利用制冷装置将材料迅速冻成冰块,然后在滑走切片机上切片。冰冻切片方法制片速度快,并可以保持生活状态,但切片较厚,不能做连续切片。

第三章
绘图及显微测量技术

一、药用植物形态图的绘制

植物绘图就是黑白的工笔白描,结合标本的特点将构思、构图、统调、渐层、对称、对比、比例、虚实等原理灵活运用到画图中,使画图达到科学性和艺术性的统一。植物形态图一般包括植物全株图和器官形态图。以下为一些常见的绘图方法。

1. 勾绘轮廓法 适宜描绘鲜活的全株标本。将植物标本放在灯光与墙壁之间,在墙壁上映出的标本影子上蒙一张白纸,描出影子的轮廓,然后根据标本的特征绘制、修改并填绘细节部分。此法的特点是方便、快捷,中心部位误差小,但边缘误差较大,须注意投射的影子不宜太大。

2. 蒙绘轮廓法 适宜绘制大型复叶标本。将复叶平铺并固定在桌上,用透明纸蒙覆在标本上勾绘轮廓,然后对照标本进行加工修改并填绘细节部分。此法的特点是方便、准确。

3. 透光绘制法 适宜已经压制干燥,尚未上台纸的标本。将标本置于透图桌上(桌面中央为玻璃,下面安装灯泡),标本蒙一张薄绘图纸,打开灯光描出轮廓,然后对照标本再加工。此法的特点是植物的质地、厚薄特征明显。

二、药用植物构造图的绘制

药用植物构造图即显微绘图,是在显微镜下观察的基础上,绘出植物细胞、组织和器官内部构造特征的图,包括绘制组织详图和简图,又可分为横切面、纵切面和表面观图。

(一) 植物构造图类型

1. 组织详图 是根据细胞的详细形状和特征(细胞壁厚度、增厚的层次、典型内含物等)以及分布特点绘制的细胞、组织、器官的构造图。组织详图包括器官构造图、解离组织图、组织粉末图等,其中器官构造图可根据要求和观察内容绘制全图或局部图。

2. 组织简图 是用线条表示各种组织的界限,用特定的符号表示某些特殊组织类型和特征,无须绘出具体细胞形状的构造图。(图 3-1)

(二) 绘图方法

1. 徒手绘图法 将绘图纸平铺于显微镜右侧工作台上,左眼观察显微镜内的物像,右眼注视绘图纸。选择特征较为典型的部分,用铅笔在绘图纸上勾绘出草图,再仔细观察标本内容,进行修改,最后描绘成型。此法的优点是简便、易操作,但要求绘图者能熟练进行显微镜操作,且具有一定的绘图经验。

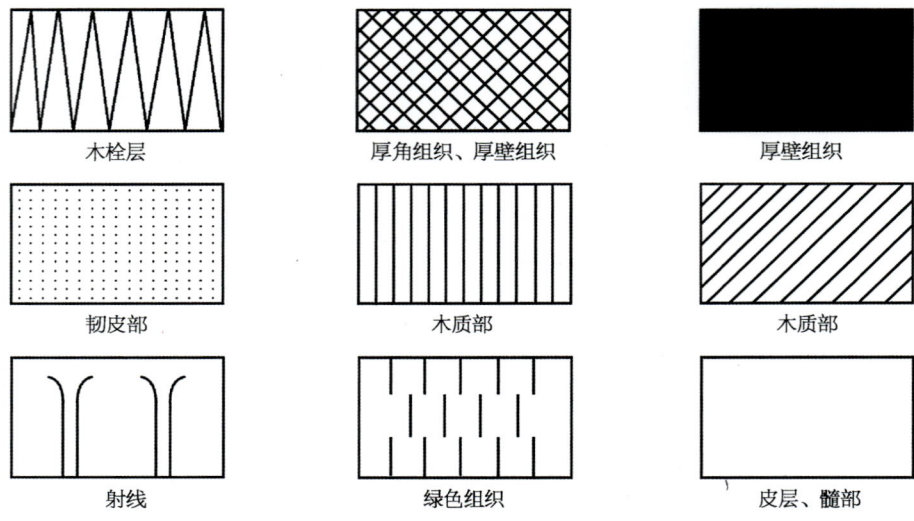

图 3-1 组织简图各部位表示符号

2. 网格绘图法 在显微镜的目镜上装一个网格测微尺,此测微尺玻片中央有 1 cm 见方的四方格,方格划分成 100 个或 10 000 个小方格。在绘图纸上根据放大倍数画上方格。按常规方法测出网格测微尺上每小格边长的校正值,再乘以预定的放大倍数(即为绘图纸上方格的边长),绘图。

3. 利用显微描绘器绘图法 显微描绘器有多种,其基本原理相同。较常用的描绘器如阿贝式描绘器,所绘组织构造比较真实准确。

4. 显微摄像绘图法 将拍摄的标本按绘图所需放大率制成相应的相片,然后描到硫酸纸上即可。此法适用于绘制器官构造图。

(三) 显微绘图的注意事项

(1) 注重科学性,所绘的图要能真实反映显微观察的内容,不宜做艺术加工,不可涂阴影。

(2) 根据观察的内容和实验要求,选择典型的、特征明显的部分绘图,绘好草图(底图)后经反复观察进行修改。

(3) 线条应徒手绘制,不可使用直尺、曲线板等工具,线条应均匀圆润,颜色深浅一致,每根线条不可重复涂绘,连接处应注意不重叠,保持图面洁净。

(4) 绘制组织简图的线条和点以及各种细胞组织的表示方法,应前后一致。

(5) 绘制组织详图时,通常选择组织中比较典型而有代表性的细胞画下来,每个细胞的形状、细胞壁的厚度、层纹、纹孔等尽可能画准确。同一组织中的细胞内含物如淀粉粒等,只需在一部分细胞中画出即可。

(6) 显微图绘好后,将需要标明的部位或特征用直尺画引线,一般在图的右边注字。引线要平行且间距适当,引线的起点一定要指在需标明的部位,终点要整齐。

三、显微测量技术

使用标定的显微测量标尺,在显微镜下测量显微目的物的大小,称为显微测量。显微量尺由载物台量尺和目镜量尺两部分组成,以 μm(微米)为长度单位。

1. **载物台量尺** 是一种刻有标尺的特制载玻片。标尺全长 1 mm,刻度精确,共刻有 10 个大格,每一大格又分成 10 个小格,共有 100 个小格,每一小格的长度是 0.01 mm,即 10 μm。标尺的外围有一黑环,便于找到标尺的位置。标尺上用树胶封固一圆形盖玻片加以保护。注意载物台量尺是显微测量的标准,仅用于校正目镜量尺,并不直接用于测量物体。

2. **目镜量尺** 是一种放置在目镜筒内的标尺,为直径 18~20 mm 的圆形玻璃片,其上刻有各种形式的标尺,有直线式和网格式等。测量长度的标尺为直线式,在圆形玻璃的中央,划有精确的平行刻度线,全长 1 cm,等分成 100 个小格(即每 1 个小格长 10 μm)。测量面积或计算数目的为网格式测微计。(图 3-2)

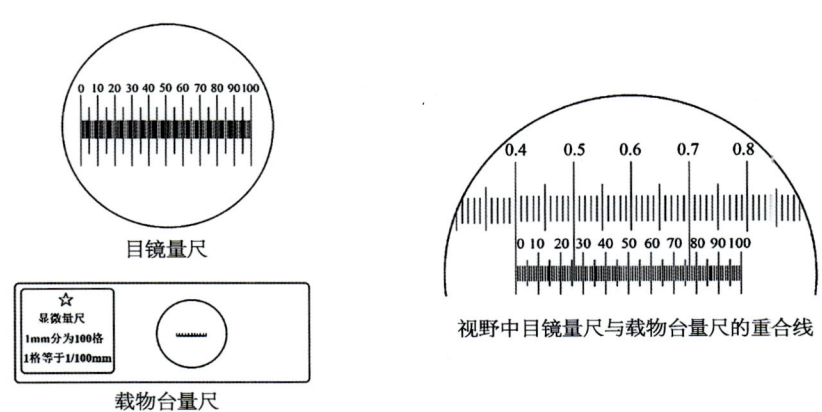

图 3-2 显微测量尺

使用时,将目镜从镜筒中取出,旋出接目透镜,将目镜量尺放在目镜的光栅上,使有刻度的一面向下,再将接目透镜复位旋上,插回镜筒中,即可进行测量。

目镜量尺是用于直接测量物体的,但每小格的长度未知,因此必须用载物台量尺来校正,确定目镜量尺在不同条件下,每一小格的实际长度。

3. **目镜量尺的校正** 把目镜量尺装入目镜筒内后,将载物台量尺安放在载物台上,转动目镜,使载物台量尺和目镜量尺相互平行;适当移动载物台量尺,使两量尺一端的刻度线相互重叠在一起,再找出两量尺在另一端的重叠刻度线,分别记下两个量尺在两条重叠线之间的小格数,按下列公式计算:

$$目镜量尺每 1 小格的实际长度 = \frac{载物台量尺的格数 \times 10\ \mu m}{目镜量尺的格数}$$

为了测量准确,一般需要重复测量 3~5 次,取平均值,小数点后面保留一位数。测得的数据,只要不更换显微镜或镜头,就能长期使用,一般记录在卡片上,以便查用。

4. **显微测量** 取下载物台量尺,换上待测标本片,用目镜量尺测量物体所占的小格数,乘以目镜量尺每一小格的实际长度,即得。例如,在 10×40 镜下测得山药针晶束长 40 小格,每一小格长度为 3.5 μm,针晶束长度是:3.5×40 = 140 μm。如果计算结果有小数,可四舍五入。

5. **使用显微量尺的注意事项**

(1) 显微量尺校正和使用操作时,必须先低倍镜,再高倍镜。

(2) 两个量尺重叠线之间的小格数应尽量多一些,重叠数目越少,误差越大。

(3) 更换显微镜或镜头后,必须重新校正和换算目镜量尺每小格长度。

(4) 物体测量通常使用高倍镜,测量长形物体如毛茸、纤维等,也可用低倍镜。

第四章
标本采集与制作

为了正确地鉴别中药的植物基原,必须采集标本。标本是真实的植物,是辨认药用植物的第一手材料,也是永久性的查阅比对的资料。因此,掌握有关采集、制作标本的知识,在教学、科研方面都很有必要。

药用植物包括藻类、菌类、地衣、苔藓、蕨类和种子植物等。一般真菌标本如灵芝等可阴干保存,较柔软、易碎的种类最好制成浸制标本。藻类、地衣、苔藓植物一般较小,容易散失,可以用小纸袋(其上注明采集号码、地点、日期、名称等)先装好,再制成腊叶标本或浸制标本。

一、药用植物标本的采集

(一) 采集工具

1. **标本夹** 大夹板长 43 cm、宽 30 cm;中间用 5～6 根厚约 2 cm、宽 4 cm 的木条横列,上面再用两根硬方木钉成。小夹板长 42 cm、宽 30 cm,用 3 cm 宽的五合板条钉成。四边框用双层五合板,中间用单层五合板,此种轻型小标本夹适合野外采集用。

2. **采集箱** 用薄铁皮制成,约为 50 cm×25 cm×20 cm 扁圆柱形的小箱,一面开有长约 30 cm、宽 20 cm 的活门,并有锁扣。箱的两端备有环扣,以便配上背带。用于野外采集或盛装花、果实,也可作为移栽活苗时使用。所采集的材料放箱内可防日晒变蔫或干瘪。

3. **常备工具** 枝剪、高枝剪、砍刀、小镐、掘铲。高山地区还要准备海拔表,以便了解各种植物的垂直分布界限。

4. **野外记录本、野外记录签、定名签**
(1) 野外记录本:供采集人在野外工作时,记录标本的采集信息。(图 4-1)
(2) 野外记录签、定名签:每份标本均有一张,标本制作完成后贴于标本台纸上。野外记录签格式和野外记录本格式基本相同(图 4-1)。定名签有两种式样,式样二可用在改定学名时使用,一张标本的学名虽然经过改定,但原定名签仍需保留以供参考。(图 4-2)

5. **标本号牌** 用于挂在每份标本上,用硬纸做成,其上穿有挂线。(图 4-3)

6. **吸水草纸** 用以压制标本吸收植物水分之用,通常能吸收水分的纸张均可。

7. **其他** 经纬度海拔定位仪,粗、细绳,手电筒,一般药品,放大镜,铅笔,橡皮,尺和大小纸袋(保存标本上脱落的花、果实、种子、叶片和采集种子用),照相机。根据需要还可带望远镜及常用参考书。

(二) 采集方法

为了便于分类鉴别,须采集带有繁殖器官的标本(如孢子叶、花或果实等),采集前要了解

____________标本室
采集日期____年____月____日
采集人________采集号________
产地______省______县______
生境__________海拔______m
习性____________________
体高________胸径________cm
根____________________
茎____________________
叶____________________
花____________________
果实____________________
种子____________________
用途____________________
学名________科名________
俗名____________________
附记____________________
标本份数____________________

野外记录本式样（17 cm×11 cm）

____________标本室
日期______年______月______日
采集人________采集号________
产地______省______县______
生境__________海拔______m
习性____________________
体高________胸径________cm
根____________________
茎____________________
叶____________________
花____________________
果实____________________
种子____________________
学名________科名________
俗名____________________
附记____________________

野外记录签式样（13 cm×10 cm）

图 4-1　野外记录本及野外记录签式样

____________标本室
采集人________采集号________
科名________中文名________
学名____________________
功效____________________
产地____________________
日期________鉴定人________

定名签式样一（10 cm×8 cm）

定名人　　　　　　年　月　日

定名签式样二（11 cm×5 cm）

图 4-2　定名签式样

采集人
采集号
地点
日期

图 4-3　号牌式样(5 cm×3 cm)

植物的花、果期。药用植物还要采集药用部位。

(1) 草本药用植物标本，一般要连根挖出。如果植物高度超过 1 m，可折成 N 形收压，或分成段(上段带花、果，中段带叶，下段带根)，将三段合成一份标本，同时记录全草高度。

(2) 木本药用植物要选取有花、果及完整枝条剪下，长度为 25～30 cm，如叶、花、果太密集可适当疏剪去一部分，注意经疏剪的叶要保留叶柄。如药用部位为根或树皮，应取一小块根或树皮作为样品附在标本上。

(3) 雌雄异株的药用植物,要分开采集标本,分别编号,并注明两号关系。对桑寄生、槲寄生、列当等寄生植物,采集时应注意连同寄主一并采集。

(4) 肉质植物,如马齿苋、景天三七等,采集后可在开水中烫几分钟,否则压制数日后尚在发芽生长,难以干燥而导致标本变黑和落叶。

(5) 采集藻类时,因一般藻体外都有些黏质,可以用一张较厚的白纸先放在水盆中,然后把少量藻体均匀摊在纸上,然后将白纸慢慢托到水面,最后出水。出水后用滴管把藻丝冲顺,将托好的藻类标本,放在带有吸水纸的标本夹板上,上面铺有一层纱布,再放上几层吸水纸,然后将标本夹轻轻捆起来,置通风处。每日更换吸水纸和纱布,按腊叶标本压制法做成标本。

(6) 采集植物标本时,须注意观察生长环境、形态特征,如有无乳汁、乳汁的颜色、花的颜色、气味等经过压制标本观察不到的特征,加以详细记载。

(7) 采集编号时,每个采集人(队)每次采集时应按顺序编号,切不可有重号或空号。同时同地采的同种植物,应编为同一号。每一号标本,最少应采 5 份,以备应用和交换之需。每份标本上都要挂同一号牌。号牌必须紧系标本的中部,以防脱落。特别提示:野外记录本上的编号和标本号牌上的编号一致,以防混淆。

(三) 野外记录方法

野外采集必须有实地记录,记录的内容有专门的野外记录本,可按其格式填写。因为标本经过压制后与它在生活状态时不同,如乔木、灌木、高大草本植物,未采到部分的生长形式、植物体的大小、外形,各部分有无乳汁或有色浆汁;叶的正反两面的颜色,有没有白粉或光泽;花或花的某一部分的颜色和香气;果实的形状和颜色等,都是压制成标本后不能保存或难以看出的性状。药用植物要收集当地的俗名和药用价值。

填写野外记录和标本号牌应用铅笔,不能用圆珠笔或钢笔,因圆珠笔和钢笔的笔迹久放、遇水或在消毒处理时容易褪色。

二、药用植物腊叶标本的制作

1. 标本的压制　将野外采集的标本,压在小夹板内,返驻地时,用干纸更换在大夹板内,并整理一次,整理时要使花、叶展平,不能使多数叶片重叠,要压正面叶片,也要压反面叶片。落下来的花、果或叶片,要用纸袋装好,袋外写上该标本的采集号,与标本放在一起,以后贴在台纸上,标本与标本之间须隔数张吸水纸,用粗绳将大夹板捆起,放在通风处。次日换干纸时,须仔细加工整理标本,每日需更换干纸至少一次,并随时再加整理。换下的湿纸,要及时放日光中晒干或用火烤干,以备换纸时用。肉质的球茎、鳞茎、果实可切开压制。

2. 标本的消毒和装订　标本入柜之前,需进行消毒。

消毒方法:将 2‰~5‰升汞(氯化高汞)的乙醇(用 75%的工业乙醇即可)溶液放在搪瓷盘内,将标本浸透静置 5 min 左右,用竹夹取,放在干的吸水纸上,压干后即可上台纸。升汞有剧毒,操作时应注意房间通风,切忌用手直接操作,要戴胶皮手套和口罩,操作后要洗手以免中毒,剩余消毒液要妥善保管。现在大型植物标本室,已改用程序控制真空熏蒸机,以硫酰氟(SO_2F_2)或溴代甲烷(CH_3Br)作消毒剂进行标本消毒。

已经消毒的标本要装订在一张台纸上,台纸可用约 40 cm×30 cm 的厚卡片纸,首先用毛笔将胶水（最好用植物胶）刷在标本背面，花的部分不必上胶以便解剖观察花部形态。然后移贴台纸上，稍加压力，放置使干。贴时应注意在左上角和右下角分别留出贴野外记录签和定名签的位置。然后用棉线将植物粗壮部分和叶片缝在台纸上。

标本经过分科、分属、分种鉴定后，可将定名签贴在台纸右下角，野外记录签贴在左上角，最后可加贴一张薄而韧性强的封面衬纸，以免标本互相摩擦损坏，这样即成为完整的标本。然后将同种植物标本放在一起，种夹外注明该植物的学名，按科、属顺序放入标本柜中密闭保存。柜中可放入一些樟脑球防虫。整个标本室可用硫酰氟或溴代甲烷熏蒸消毒，但消毒后要打开窗户通风数日方可进入。

第五章
植物分类检索表

一、植物分类检索表的类型

植物分类检索表是鉴定药用植物不可缺少的工具。检索表是根据法国植物学家拉马克（Jean-Baptiste Lamarck，1744—1829）的二歧分类原则编制的。在充分了解各个类群及物种的形态特征的基础上，寻找互相矛盾的主要特征，分成对应的两个分支。同一分支继续寻找互相矛盾的主要特征，再分成对应的两个分支。以此类推，直至区分出类群或物种。分支按先后顺序编号，同级的两个分支编号相同。

根据分类对象不同，植物分类检索表可以分为门、纲、目、科、属、种不同等级的分类检索表，常用的是分科、分属、分种检索表。根据排列方式不同，植物分类检索表可以分为定距检索表、平行检索表、连续平行检索表，常用的是定距检索表：将相互矛盾的两个分支标以相同号码，紧跟的数字后缩一格排列下一个相互矛盾的分支。

二、植物分类检索表的使用

以下以常见的被子植物分科检索表（定距检索表）为例，介绍如何使用检索表鉴定被子植物至科。依此法，可以运用分属检索表鉴定至属、分种检索表鉴定至种。最终完成药用植物的鉴定工作。

（1）观察植物尽可能在花期或果期。观察植物外形时，重点解剖和观察花和果的结构。比较全面地了解植物形态、生活习性、生长环境等。

（2）使用检索表初步鉴定植物时，应根据观察到的性状特征，应用分科检索表依次向下或向后查找。每查一项需将两个相同编号进行比较，选择符合待检索植物特征的编号。整个检索过程中，错一步即可导致结果错误。

（3）鉴定结束后，需根据已掌握的知识或参考相关分类学著作、文献等进行核对。常用的分类学专著有《中国植物志》中、英文版，各省及地方植物志，还有某些科、属的专著，植物分类学期刊等。

三、植物分类检索表的编制

编制植物分类检索表是药用植物学课程的基本技能。编制的检索表根据目标不同，分为分门、分纲、分科、分种等不同分类等级检索表。应在充分掌握各种植物和相关类群特征的基础上，列出它们的共同特征和差异特征。同一编号一般选择容易区分或相反的特征。每一对分支最好有多个区别特征,且容易观察的列在前面。具体编制方式示例见表 5-1。

表 5-1 植物主要大类检索表

```
1. 无根、茎、叶的分化,无胚
    2. 体内含光合色素,自养 …………………………………… 藻类
    2. 体内无光合色素,异养 …………………………………… 菌类
1. 有根、茎、叶的分化,有胚
    3. 用孢子进行繁殖
        4. 植物体内无维管组织 …………………………………… 苔藓植物
        4. 植物体内有维管组织 …………………………………… 蕨类植物
    3. 用种子进行繁殖
        5. 胚珠裸露,无果实 …………………………………… 裸子植物
        5. 胚珠包裹于闭合的心皮,形成果实 ………………… 被子植物
```

第六章
药用植物 DNA 条形码技术

一、基因组 DNA 提取(CTAB 法)

(一) 基本原理

液氮研磨破碎细胞。提取缓冲液溶解膜蛋白而破坏细胞膜,使蛋白质变性而沉淀。EDTA(乙二胺四乙酸)抑制 DNA 酶的活性。氯仿抽提去除蛋白,乙醇沉淀溶液中的 DNA。

(二) 仪器、材料和试剂

1. 仪器　恒温水浴锅、低温离心机、琼脂糖凝胶电泳系统。
2. 材料　陶瓷研钵、1.5 mL 离心管、移液器、枪头。
3. 试剂　2% CTAB(十六烷基三甲基溴化铵)提取液、氯仿、异戊醇、异丙醇、乙醇、醋酸钠(NaAc)、TE(Tris-EDTA)缓冲液。

(三) 主要步骤

(1) 取适量植物新鲜叶片,用灭菌水洗净,在液氮状态下研磨成细粉状,转移至 1.5 mL 经高温灭菌过的离心管中。

(2) 加入 500 μL 65 ℃ 提前预热的 2% CTAB 提取液。

(3) 65 ℃ 水浴锅中温浴,其间每 15 min 左右轻轻颠晃振摇数下。

(4) 1.5 h 后取出,待稍冷却后加入 500 μL 氯仿∶异戊醇(24∶1),轻轻混匀,4 ℃、12 000 r/min 条件下离心 10 min。

(5) 小心吸取上清液,重复前一步骤一次,直至中间层无白色浑浊。

(6) 小心吸取上清液,加入 2 倍体积的异丙醇和 1/10 体积的 3 mol/L NaAc,-20 ℃ 冷冻 1.5 h。

(7) 取出,4 ℃、12 000 r/min 条件下离心 10 min。

(8) 吸尽上清液,沉淀用 70% 乙醇洗两次,4 ℃、5 000 r/min 条件下离心 5 min,超净台中风干至无乙醇味。

(9) 加入适量 TE 缓冲液溶解沉淀,即得总 DNA 溶液。

(10) 取 2 μL 总 DNA 溶液,用琼脂糖凝胶电泳检查质量。

二、PCR 扩增

(一) 基本原理

多聚酶链式反应(PCR)的步骤包括变性、复性(退火)、延伸三步,经若干个循环以后,使某一特定DNA片段大量扩增,并有足够的数量在琼脂糖凝胶上显示出来。

1. **变性** 加热使模板DNA双链间的氢键在高温下(94 ℃)断裂,形成两条单链。

2. **复性(退火)** 温度降至50～60 ℃,模板DNA与引物按碱基配对原则互补结合。

3. **延伸** 温度上升至72 ℃,以单链DNA为模板,在Taq DNA聚合酶的作用和引物的引导下,利用反应液中的四种脱氧核糖核苷三磷酸(dNTP),按5'到3'的方向复制出互补DNA。

以下以核基因组的内转录间隔区(ITS)的扩增为例。

(二) 仪器、材料和试剂

1. **仪器** PCR仪、琼脂糖凝胶电泳系统。

2. **材料** PCR管、移液器、枪头。

3. **试剂** 10×PCR缓冲液、25 mmol/L $MgCl_2$、dNTP混合液(10 mmol/L each)、Taq DNA聚合酶(5 U/μL)、ITS区上游引物P1(5'- GGAAGTAGAAGTCGTAACAAGG -3')10 μmol/L、ITS区下游引物P4(5'- TCCTCCGCTTATTGATATGC -3')10 μmol/L、灭菌水。

(三) 主要步骤

1. **反应体系的配制** 在冰上配制如下反应体系:反应液中含10× PCR缓冲液2 μL,25 mmol/L $MgCl_2$ 1.6 μL,上游引物P1(10 μmol/L)0.6 μL,下游引物P4(10 μmol/L)0.6 μL,dNTP混合液(10 mmol/L each)0.5 μL,Taq DNA聚合酶(5 U/μL)0.2 μL;模板DNA稀释适当倍后加入2 μL,加入灭菌水补至20 μL。阴性对照加2 μL灭菌水,代替模板DNA。

2. **扩增程序** 94 ℃预变性5 min;94 ℃变性1 min,50 ℃退火1 min,72 ℃延伸1 min 30 s,循环30次;72 ℃延伸7 min。

三、琼脂糖凝胶电泳检测DNA

(一) 基本原理

DNA分子在琼脂糖凝胶中泳动时有电荷效应和分子筛效应。DNA分子在高于等电点的pH溶液中带负电荷,在电场中向正极移动。由于糖-磷酸骨架在结构上的重复性,相同数量的双链DNA几乎具有等量的净电荷,因此它们能以同样的速度向正极方向移动。在一定的电场强度下,DNA分子的迁移速率取决于分子筛效应,即DNA分子本身的大小和构型。具有不同的相对分子质量的DNA片段泳动速度不一样,可进行分离。DNA分子的迁移速度与相对分子质量的对数值呈反比关系。凝胶电泳不仅可分离不同相对分子质量的DNA,也可分离相对分子质量相同,但构型不同的DNA。

(二) 仪器、材料和试剂

1. **仪器** 微波炉、台式离心机、琼脂糖凝胶电泳系统、凝胶成像系统。

2. **材料** PCR管、移液器、枪头。

3. **试剂** 琼脂糖、6×DNA加样缓冲液(含溴酚蓝)、溴化乙锭(EB)染色液、0.5× TBE(Tris-硼酸-EDTA)电泳缓冲液。

(三) 主要步骤

1. 1‰琼脂糖凝胶的配制　取 0.4 g 琼脂糖,置锥形瓶中,加入 40 mL 0.5× TBE 电泳缓冲液,以铝箔封口,于微波炉中加热,至沸腾透明后,取出静置。不烫手后滴加 1 滴 EB 染色液,混匀。倒入已经放置合适梳子的模具中,放冷凝固,轻轻取出梳子。将凝固的凝胶置于电泳槽内。

2. 加样　在电泳槽中加入电泳缓冲液(0.5×TBE)。用移液枪将已加入加样缓冲液的 DNA 样品加入点样孔。

3. 电泳　接通电泳槽与电泳仪的电源(注意正负极,DNA 片段从负极向正极移动)。DNA 的迁移速率与电压呈正比,最高电压不超过 5 V/cm。当溴酚蓝染料移动到距凝胶前沿 1～2 cm 处,停止电泳。

4. 观察　在紫外灯或凝胶成像仪下观察凝胶。DNA 存在处显出荧光条带,观察时应防止 EB 污染。

四、药用植物的 DNA 分子鉴定

琼脂糖凝胶电泳检测有明显单一目的条带的 PCR 产物,通过克隆测序或直接测序,获得序列。通过序列分析,进行药用植物样品的分子鉴定。标准化流程可采用 BLAST 分析、距离法、建树法、成对序列比对法等方法确保未知样品鉴定的准确性。

(一) BLAST 分析

来源于未知样品的 DNA 条形码序列与 DNA 条形码数据库进行比对,如果在 DNA 条形码数据库中找到完全一样的参考序列,那么初步确定未知样品为该参考序列对应的物种。如未知样品在数据库中不存在,需要重点关注与未知样品 DNA 条形码序列最相关序列的物种,或者比对中出现频率最高的物种,可以将未知样品确定为某一科属。同时该方法也可直接与 GenBank 数据库进行比对,以保证利用全球最新的核苷酸数据指导鉴定。

(二) 距离法

计算未知样品 DNA 条形码序列与数据库中参考序列的遗传距离,未知样品应为具有最小平均遗传距离的物种或者具有最小遗传距离的物种。遗传距离的阈值是在"构建药用植物 DNA 条形码鉴定平台"过程中确定的,理论上对同一个物种,取样涵盖了其全部的地理分布(不同居群)和同一居群中的足够个体,阈值可以准确反映该物种的遗传变异大小,也有利于更好地确定未知样品的物种,但考虑到研究成本,一般认为同一物种取样最好包括 5 个居群,每个居群 2 个个体。

(三) 建树法

选用合适的遗传距离模型(一般用 K2P 距离模型)计算种内和种间的遗传距离,应用 MEGA 或 PAUP 等软件通过邻接法(neighbor joining,NJ)、非加权分组平均法(unweighted pair-group method with arithmetic means,UPGMA)、最大简约法(maximum parsimony,MP)等方法构建系统发育树,检验未知样品的 DNA 条形码序列与数据库中参考序列聚类在一起的物种,根据聚类情况进一步确定物种。

(四）成对序列比对法

通过以上方法仍不能将未知样品鉴定到种时，可以将未知样品与密切相关的 10 个物种的参考序列进行成对比对，通过分析碱基变异位点来鉴定物种，或判断为数据库中尚未收录的物种。

附表 常用试剂及配制方法

试剂名称	配 制 方 法
水合氯醛试液	取水合氯醛 50 g，加蒸馏水 15 mL 与甘油 10 mL 使溶解，即得
稀甘油	取甘油 33 mL，加蒸馏水稀释至 100 mL，再加一小块樟脑或 1 滴液化苯酚，即得
稀碘液	取碘化钾 1 g 溶于 100 mL 蒸馏水中，待溶解后再加入 0.3 g 碘，贮于棕色瓶中
番红染液	番红水液：取番红 0.1 g，溶于 100 mL 蒸馏水中，过滤后，即得； 番红酒液：取番红 0.5 g，溶于 50％乙醇 100 mL 中，过滤后，即得
固绿染液	取固绿 0.1 g，溶于 95％乙醇 100 mL 中，过滤后，即得
间苯三酚试液	取间苯三酚 1 g，加 90％乙醇 5 mL 溶解后，加甘油 5 mL，摇匀，即得，贮棕色瓶中
苏丹Ⅲ试液	取苏丹Ⅲ 0.01 g，加 90％乙醇 5 mL 溶解后，加甘油 5 mL，摇匀，即得，贮于棕色瓶中
钌红试液	取 10％醋酸钠溶液 1～2 mL，加钌红适量使呈酒红色，即得，临用新配
α-萘酚试液	取 α-萘酚 1.5 g，溶于 95％乙醇 10 mL，即得
氢氧化钾（钠）解离液	5％的氢氧化钾（钠）溶液
硝铬酸解离液	20％硝酸和 20％铬酸等量溶液
FAA 固定液	50％（或 70％）乙醇 90 mL、冰醋酸 5 mL、福尔马林（37％～40％甲醛）5 mL
卡诺固定液	配方 1：纯酒精 3 份、冰醋酸 1 份（体积）； 配方 2：纯酒精 30 mL、冰醋酸 1 mL、氯仿 5 mL
0.5M EDTA(pH 8.0)溶液	取 18.61 g EDTA-Na_2 粉末，加入 80 mL 灭菌水，加入 2 g NaOH，调节 pH 值至 8.0，加水定容至 100 mL，即得
1M Tris-HCl(pH 8.0)溶液	取 12.11 g Tris，加入 80 mL 的灭菌水，加浓盐酸调 pH 值至 8.0，加水定容至 100 mL，即得
2％CTAB 提取液	分别取 CTAB 2 g、Tris-HCl 10 mL、EDTA 4 mL、NaCl 8.186 1 g、β-巯基乙醇 2 mL，将上述溶液及试剂，用灭菌水定容至 100 mL，即得
TE 缓冲液	分别取 Tris-HCl 1 mL、EDTA 0.2 mL，用灭菌水定容至 100 mL，即得

下篇

药用植物学实验内容

第七章
植 物 的 细 胞

【实验目的】

1. **知识目标** 掌握植物细胞的基本构造,质体的形态,淀粉粒、晶体、菊糖的形态和类型,细胞壁的组成。熟悉木质化、木栓化、角质化细胞壁的特征。

2. **能力目标** 能熟练使用显微镜,制作临时装片,掌握药用植物绘图的基本规范;能识别不同类型的植物细胞。

3. **素质目标** 培养严谨的科学态度和实验操作规范意识,注重细节,认识到规范绘图在科学研究中的价值。

【实验材料】

1. **新鲜材料** 洋葱鳞叶、紫鸭跖草叶、大辣椒果实、马铃薯块茎、菊芋块茎、爵床叶、夹竹桃幼茎。

2. **永久切片** 半夏块茎横切片、大黄根茎横切片、川牛膝根横切片、射干根茎横切片、川黄柏皮类药材横切片、爵床叶横切片、松木茎纵切片。

3. **药材粉末** 桔梗、川黄柏、甘草、麻黄。

【实验仪器、用品、试剂】 显微镜、刀片、镊子、载玻片、盖玻片、蒸馏水、碘液、水合氯醛、稀甘油。

【实验内容】

一、细胞基本结构

1. **洋葱鳞叶表皮细胞结构** 取洋葱肉质鳞叶,撕取下表皮制成水装片,显微镜下观察。

(1)细胞壁:包围在植物细胞原生质体的最外面,由于细胞壁几乎无色透明,仅可看到细胞四壁构成的轮廓。观察到的细胞壁是相邻细胞共有的,包括相邻细胞的初生壁和胞间层,老的鳞叶细胞侧壁可见不均匀加厚的单纹孔。

(2)细胞核:为扁球形的小球体,常位于细胞中央。成熟细胞中,细胞质被液泡挤到四周,细胞核存在于细胞质中。与细胞质接触处有一薄膜为核膜,核膜内为核质,核质中可见1~3个较亮的小球体,即核仁。

(3)细胞质:细胞核以外细胞膜以内的原生质为细胞质。在成熟细胞中,随着液泡的逐渐扩大,细胞质被挤压紧贴细胞壁,呈一薄层环绕着液泡。

(4)液泡:位于细胞中央,是细胞质内充满细胞液的囊状结构,液泡中的细胞液是无色的。水装片中加入碘液,可观察到被染成浅黄色的细胞质和深黄色的细胞核,未被染色的部分为液泡。(图7-1)

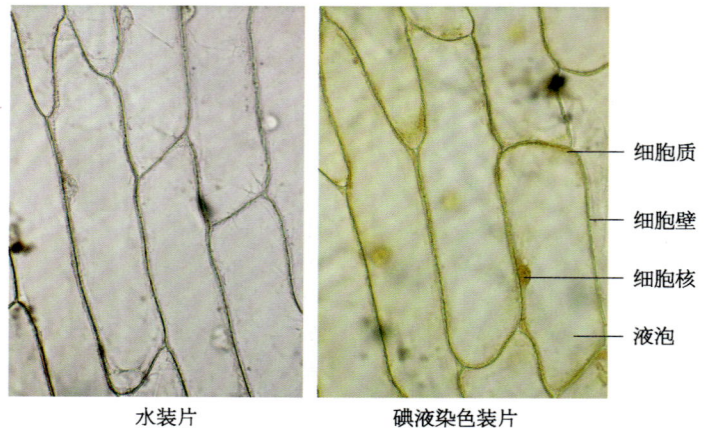

图 7-1 洋葱鳞叶表皮细胞（左：水装片；右：碘液染色装片）

标注：细胞质、细胞壁、细胞核、液泡

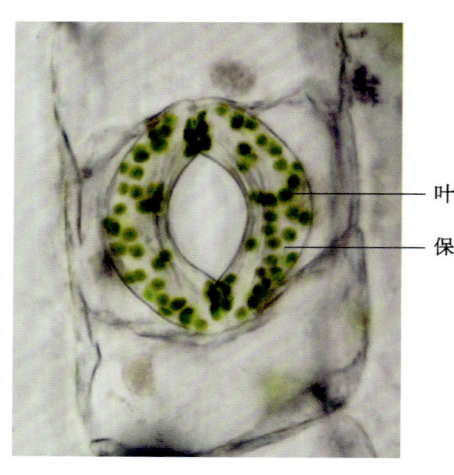

图 7-2 紫鸭跖草叶绿体

标注：叶绿体、保卫细胞

2. 质体

（1）叶绿体：取紫鸭跖草叶片，撕取下表皮制成水装片，在气孔的保卫细胞内可见绿色颗粒状叶绿体。（图7-2）

（2）有色体：取大辣椒果实，撕取果皮制成水装片，显微镜下观察，在细胞质内可见红色颗粒状有色体。（图7-3）

（3）白色体：取紫鸭跖草叶片，撕取下表皮制成水装片，显微镜下观察，在细胞核周围可见多数无色圆球状微小颗粒，即为白色体。（图7-4）

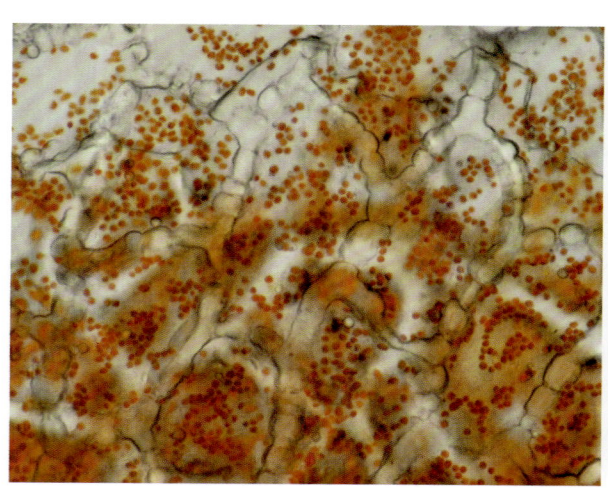

图 7-3 大辣椒有色体

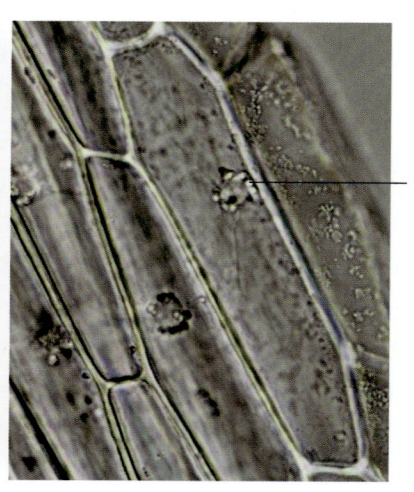

图 7-4 紫鸭跖草白色体

二、后含物

1. **淀粉粒** 用刀片刮取马铃薯块茎切面汁液少许,加水装片,显微镜下观察。淀粉粒多为单粒淀粉,卵圆形,脐点常偏于较小的一端,层纹明显。同时注意观察半复粒淀粉、复粒淀粉。(图 7-5)

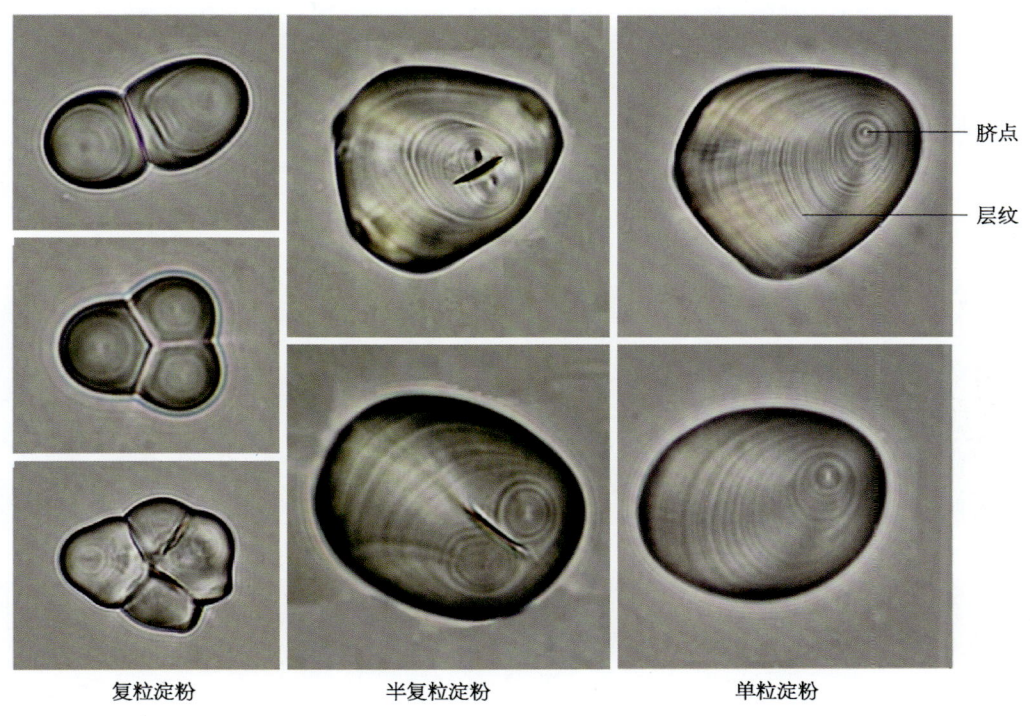

复粒淀粉　　　半复粒淀粉　　　单粒淀粉

图 7-5　马铃薯淀粉粒

2. **菊糖** 取乙醇中浸泡 1 周的菊芋块茎,徒手切片,稀甘油装片,显微镜下观察,可见薄壁细胞中含有大量扇形或类圆形的菊糖。取桔梗药材粉末适量,用稀甘油装片,可见散在的菊糖。(图 7-6)

3. **草酸钙结晶**

(1) 针晶:观察半夏块茎横切片,可见类圆形黏液细胞中含有排列整齐的针晶束。

(2) 簇晶:观察大黄根茎横切片,可见大而多的簇晶。

(3) 砂晶:观察川牛膝根横切片,可见薄壁细胞中充满细小砂晶。

(4) 柱晶:观察射干根茎横切片,可见棱角分明的长条形柱晶。

(5) 方晶:观察川黄柏皮类药材横切片,或川黄柏粉末的水合氯醛装片,可见方形、不规则方形的晶体,常成行排列于纤维束旁边的薄壁细胞中,形成晶鞘纤维。(图 7-7)

4. **碳酸钙结晶** 取爵床叶横切片,显微镜下观察表皮细胞中呈团块状的钟乳体。另撕取新鲜爵床叶的表皮,加水适量装片,显微镜下观察钟乳体,含晶表皮细胞中具有椭圆形或长棒状碳酸钙结晶,具乳头状凸起。(图 7-8)

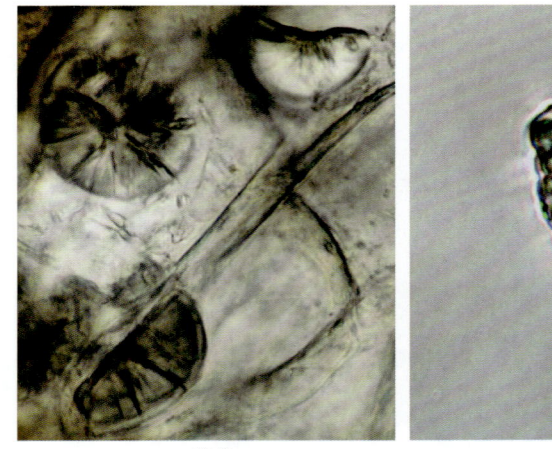

菊芋　　　　　　　　　　　桔梗

图7-6　菊糖

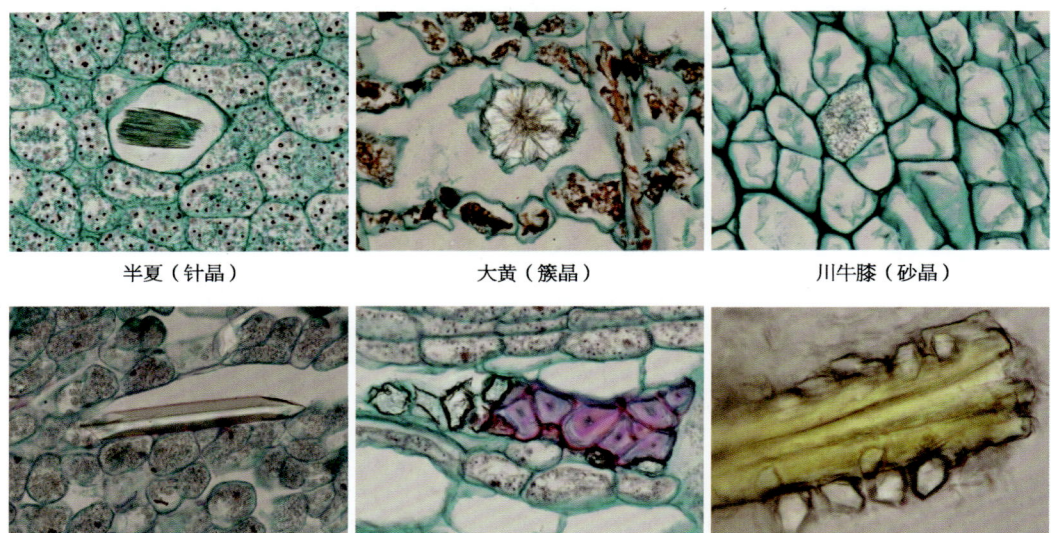

半夏（针晶）　　　　大黄（簇晶）　　　　川牛膝（砂晶）

射干（柱晶）　　　川黄柏（方晶）　　　川黄柏（方晶，粉末）

图7-7　草酸钙结晶

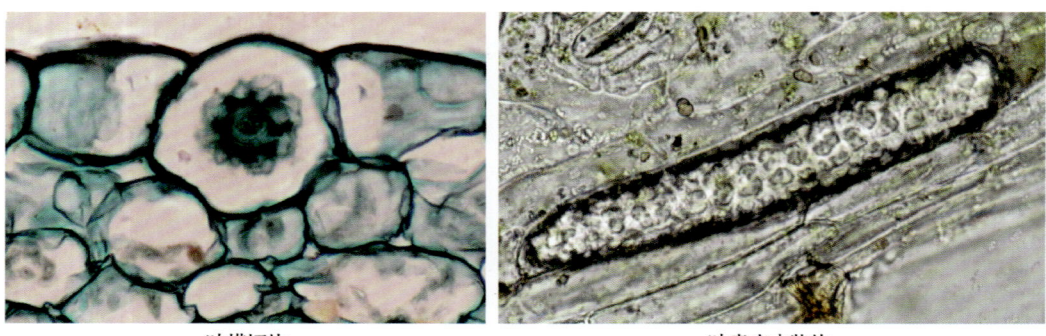

叶横切片　　　　　　　　　叶表皮水装片

图7-8　爵床叶碳酸钙结晶

三、细胞壁

1. **初生壁与单纹孔** 取已制好的洋葱鳞叶表皮装片,置于高倍镜下观察,可见其初生壁,侧壁可见极小的凹陷,即为不均匀加厚出现的单纹孔。(图7-9)

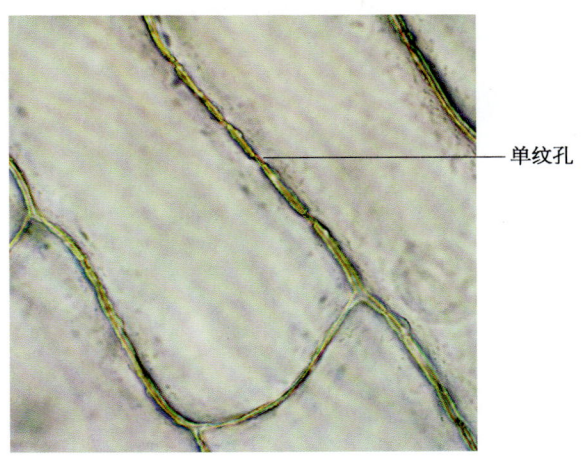

图7-9 洋葱鳞叶表皮细胞初生壁及单纹孔

2. **次生壁与具缘纹孔** 取松木茎纵切片,显微镜下可观察到具缘纹孔管胞的纹孔口呈圆形。另取甘草粉末,通过水合氯醛透化装片,可观察到具缘纹孔导管的纹孔口呈狭缝状。(图7-10)

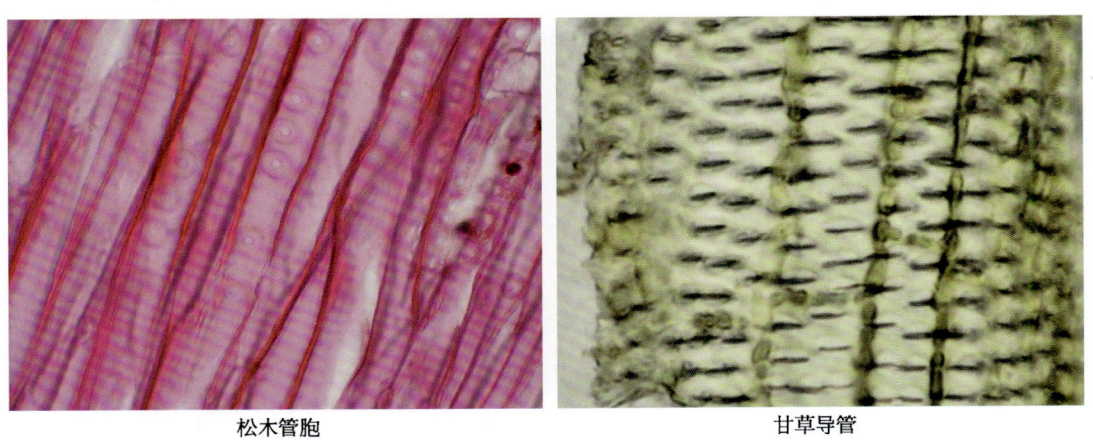

松木管胞　　　　　　　　　　　　　甘草导管

图7-10 次生壁与具缘纹孔

3. **细胞壁的特化**

(1) 细胞壁木质化:木质化是细胞壁内填充了木质素,可使细胞壁的硬度增强,细胞群的机械力增加。取甘草粉末,水合氯醛透化装片,可观察到导管次生壁木质化、不均匀增厚。

(2) 细胞壁木栓化:细胞壁木栓化是由于细胞壁中增加了脂肪性化合物木栓质,对植物体内部组织具有保护作用。取甘草粉末,水合氯醛透化装片,可观察到成片木栓细胞。

(3) 细胞壁角质化:细胞中的原生质体产生的角质无色透明,会在细胞壁内和表面堆积,使细胞壁内角质化，细胞壁外积聚形成角质层，可防止水分蒸发和微生物的侵害。取麻黄粉末，通过水合氯醛透化装片，可观察到表皮组织碎片外壁的角质层。（图7-11）

 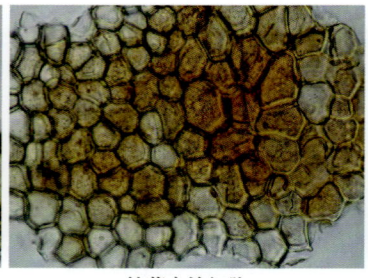 

甘草导管（木质化）　　　　　　甘草木栓细胞　　　　　　麻黄角质层

图7-11　细胞壁的特化

【课后作业】

1. 绘洋葱鳞叶表皮细胞图，并标注各部位。
2. 绘紫鸭跖草保卫细胞中的叶绿体形态图。
3. 绘马铃薯淀粉粒形态图，并标注脐点和层纹。
4. 绘大黄根茎横切片中的草酸钙簇晶图。
5. 绘爵床叶中的钟乳体形态图。

【思考题】

1. 植物细胞形态多样性对植物有何意义？
2. 不同类型质体的结构、分布和功能之间有何联系？
3. 后含物的种类和形态特征对药用植物鉴定、药材鉴定有何意义？

第八章
植物的组织(一)

【实验目的】
1. 知识目标　掌握顶端分生组织的位置及特征,侧生分生组织的位置及特征,薄壁组织的特征及类型,表皮的特征,常见气孔轴式,周皮的组成与特征。熟悉常见毛茸的类型与特征。
2. 能力目标　能理解生物体的结构与功能的相关性,培养结构与功能相适应的科学思维。
3. 素质目标　理解不同组织间的协同功能,提高合作意识。

【实验材料】
1. 新鲜材料　马铃薯块茎、秦艽种子、薄荷叶、天竺葵叶、胡颓子叶、紫鸭跖草叶、落葵叶、青菜叶。
2. 永久切片　植物根尖纵切片、甘草根横切片、向日葵茎横切片、薄荷叶横切片、蓖麻种子横切片、慈姑叶柄基部横切片、白头翁根横切片。

【实验仪器、用品、试剂】　显微镜、刀片、镊子、载玻片、盖玻片、蒸馏水。

【实验内容】

一、分生组织

1. 顶端分生组织　取植物根尖纵切片,显微镜下观察。在根冠上方是一团排列紧密的细胞,即为顶端分生组织,细胞小,细胞核大,排列紧密,没有细胞间隙,或正处于细胞分裂的染色体形态。随着位置不断向上移动,细胞将逐渐增大,出现了细胞的分化。(图8-1)

2. 侧生分生组织
(1) 维管形成层:取甘草根横切片,显微镜下观察,可见呈环状排列的维管束,木质部导管被染成红色,韧皮部被染成绿色,在木质部和韧皮部之间,可见几层扁平的形成层细胞呈环状排列,细胞略呈切向延长,排列紧密,细胞壁薄。(图8-2)。

(2) 木栓形成层:取甘草根横切片,显微镜下观察,在根的最外层有几层略呈扁平的被染成红色的细胞,细胞壁较厚,排列整齐,没有细胞间隙,为木栓层。在木栓层内侧有一层颜色淡而扁平的细胞,为木栓形成层。(图8-3)

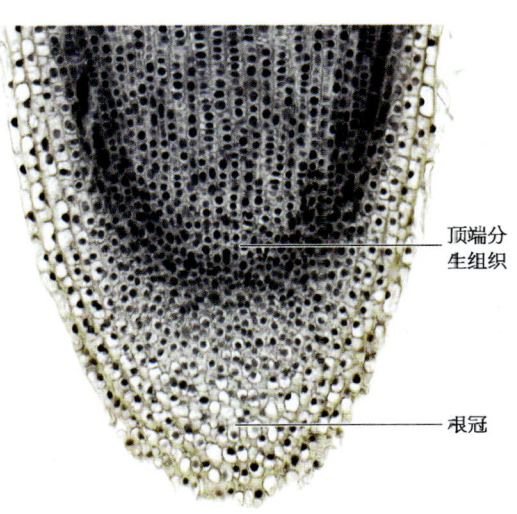

图8-1　根尖顶端分生组织

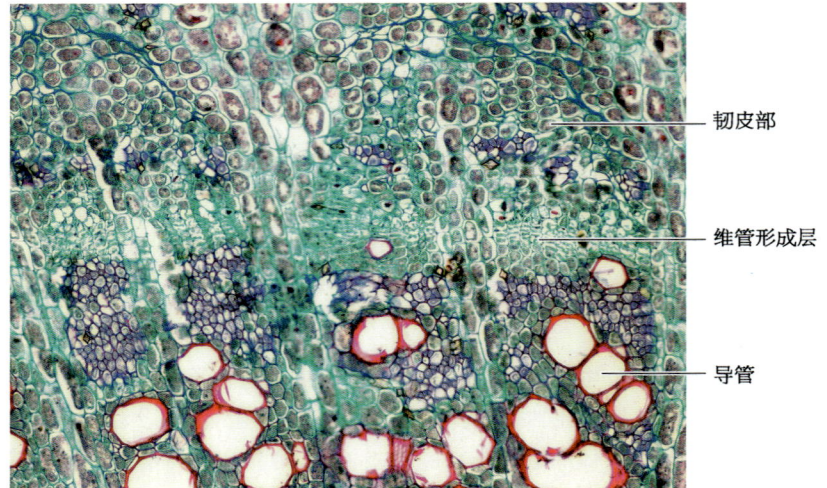

图8-2 甘草根维管形成层

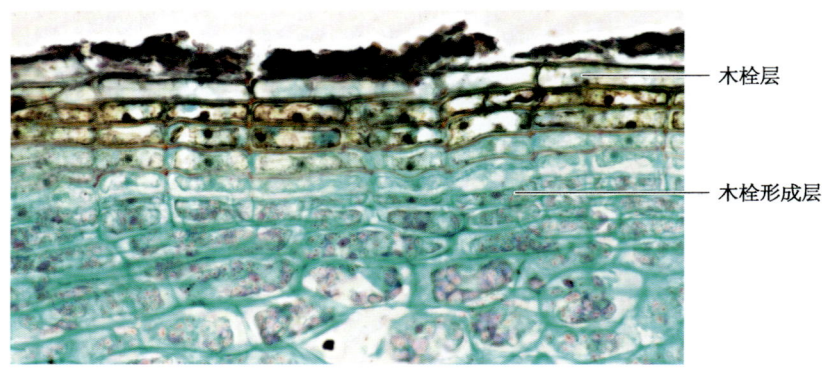

图8-3 甘草根木栓形成层

二、薄壁组织

1. **基本薄壁组织** 取向日葵茎横切片,在显微镜下可观察到外部的皮层和中间的髓分布大量薄壁细胞。薄壁细胞多呈球形等,排列疏松,有细胞间隙。(图8-4)

2. **同化薄壁组织** 取薄荷叶横切片,在显微镜下可观察到上表皮之下有许多排列整齐的柱状细胞,在下表皮之上可观察到几层形状近等径的细胞,细胞壁薄,具明显的细胞间隙,细胞内含有大量球状叶绿体。这种含有叶绿体的薄壁组织能进行光合作用,制造有机物质,为同化组织。(图8-5)

3. **贮藏薄壁组织** 取马铃薯块茎做徒手切片,制成水装片,在显微镜下可见薄壁细胞中有大量近圆形或椭圆形的淀粉粒,即为贮藏薄壁组织(图8-6)。另取蓖麻种子横切片置于显微镜下观察,可见胚乳细胞中贮藏大量糊粉粒(图8-7)。

4. **吸收薄壁组织** 将秦艽萌发的种子压平后置于显微镜下观察,表皮细胞外壁向外凸起形成下胚轴毛,为具有吸水能力的吸收组织。(图8-8)

5. 通气薄壁组织　取慈姑叶柄基部横切片在显微镜下观察，在薄壁细胞之间有非常发达的细胞间隙，形成气腔，可存储空气，为通气薄壁组织。（图8-9）

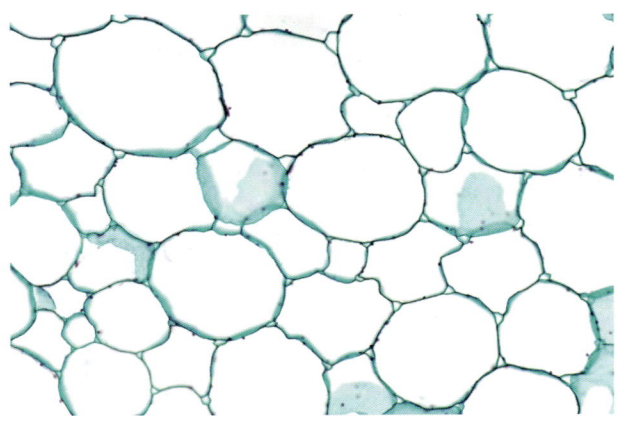

图8-4　向日葵茎基本薄壁组织（髓部）

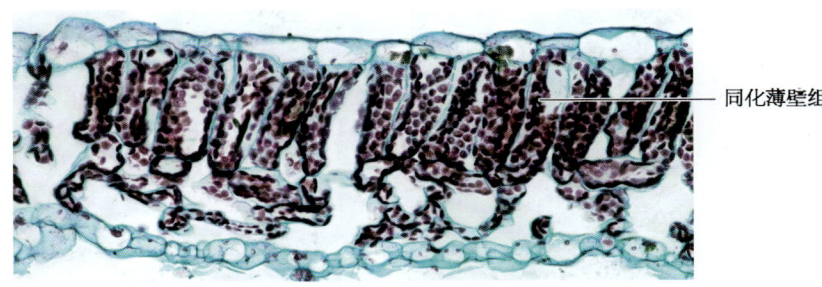

图8-5　薄荷叶同化薄壁组织

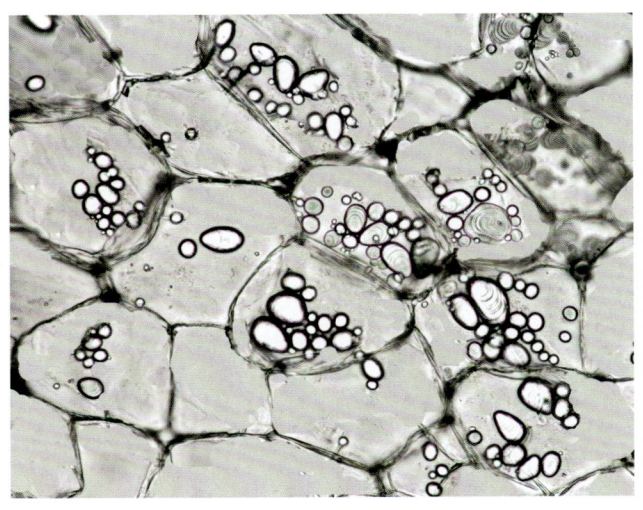

图8-6　土豆块茎贮藏薄壁组织

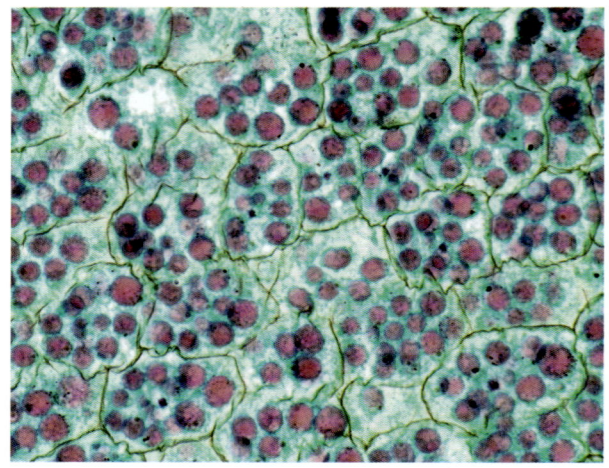

图 8-7 蓖麻胚乳中的贮藏薄壁组织

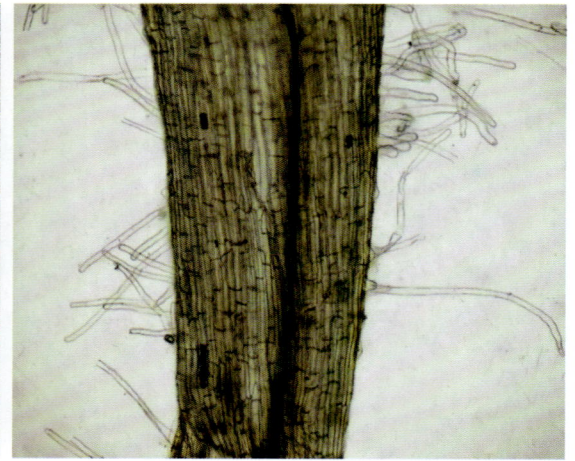

图 8-8 秦艽种子的吸收薄壁组织

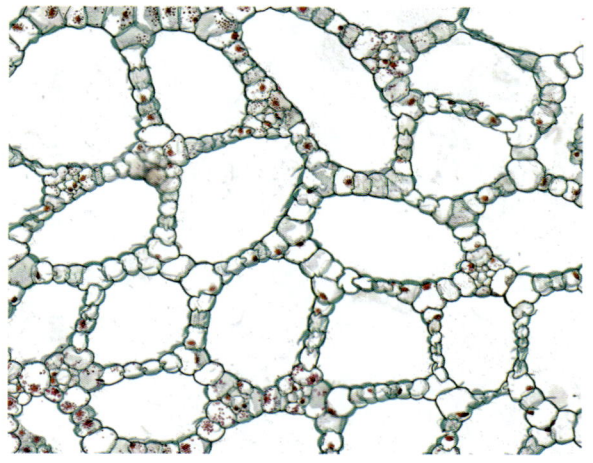

图 8-9 慈姑叶柄通气薄壁组织

三、保护组织

1. 初生保护组织：表皮

（1）表皮细胞：取薄荷叶，撕取下表皮制成水装片，显微镜下观察表皮细胞排列紧密，垂周壁呈不规则波状，具气孔。另取薄荷叶横切片，显微镜下观察，上、下表皮均为一层细胞。（图8-10）

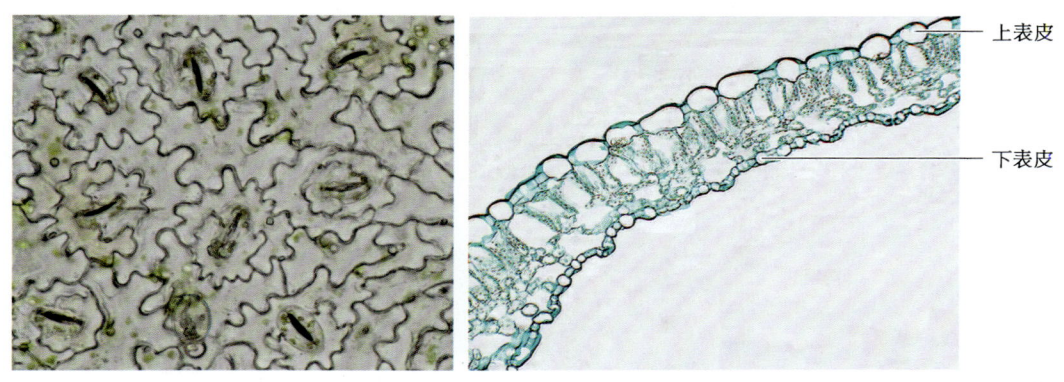

图8-10 薄荷表皮细胞

（2）毛茸：① 腺毛与腺鳞，取天竺葵叶，撕取下表皮制成水装片，显微镜下观察腺毛，具单细胞腺头和多细胞腺柄。取薄荷叶，撕取下表皮制成水装片，可观察到腺鳞由8个分泌细胞呈辐射状排列形成的腺头，腺柄极短。② 非腺毛，取天竺葵叶，撕取下表皮制成水装片，显微镜下观察非腺毛，多细胞组成，线形。取胡颓子叶，用刀片刮取表面银白色毛茸，制成水装片，可观察到非腺毛的突出部分呈鳞片状，形成鳞毛。（图8-11）

（3）气孔（器）：气孔构造，取紫鸭跖草叶，撕取下表皮制成水装片，显微镜下观察气孔形态。每一个气孔由两个半月形的保卫细胞对合而成，中间具一缝隙。靠近保卫细胞的表皮细胞，称为副卫细胞。（图8-12）

天竺葵腺毛　　　　　　　天竺葵非腺毛（线状毛）

薄荷（腺鳞）

胡颓子非腺毛（鳞毛）

图8-11 毛茸形态

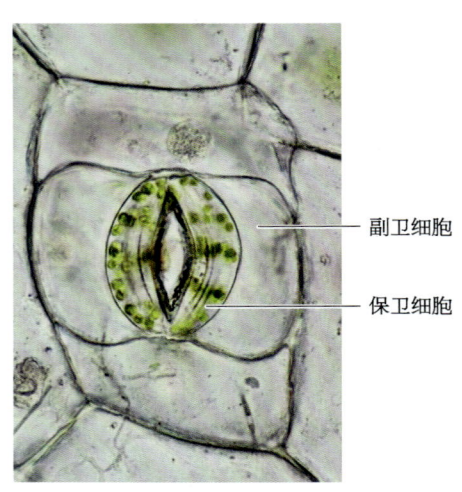

图8-12 气孔器构造(紫鸭跖草叶)

保卫细胞和副卫细胞的排列关系称为气孔轴式,常见的双子叶植物的气孔轴式如下：① 平轴式,撕取落葵叶下表皮,制成水装片,显微镜下观察气孔形态,两个副卫细胞长轴与气孔长轴平行。② 直轴式,撕取薄荷叶下表皮,制成水装片,显微镜下观察气孔形态,两个副卫细胞长轴与气孔长轴垂直。③ 不等式,撕取青菜叶下表皮,制成水装片,显微镜下观察气孔形态,保卫细胞周围有3～4个副卫细胞,大小不等,其中一个特别小。④ 不定式,撕取天竺葵叶下表皮,制成水装片,显微镜下观察气孔形态,保卫细胞周围副卫细胞的数目不定,但其大小基本相同。(图8-13)

2. 次生保护组织：周皮

取白头翁根横切片,显微镜下观察：

(1) 木栓层：多层,细胞整齐而紧密排列,细胞壁厚且木栓化,呈切向延长。

(2) 木栓形成层：一层细胞,扁长方形。

(3) 栓内层：薄壁细胞组成,细胞大小不一,具细胞间隙。(图8-14)

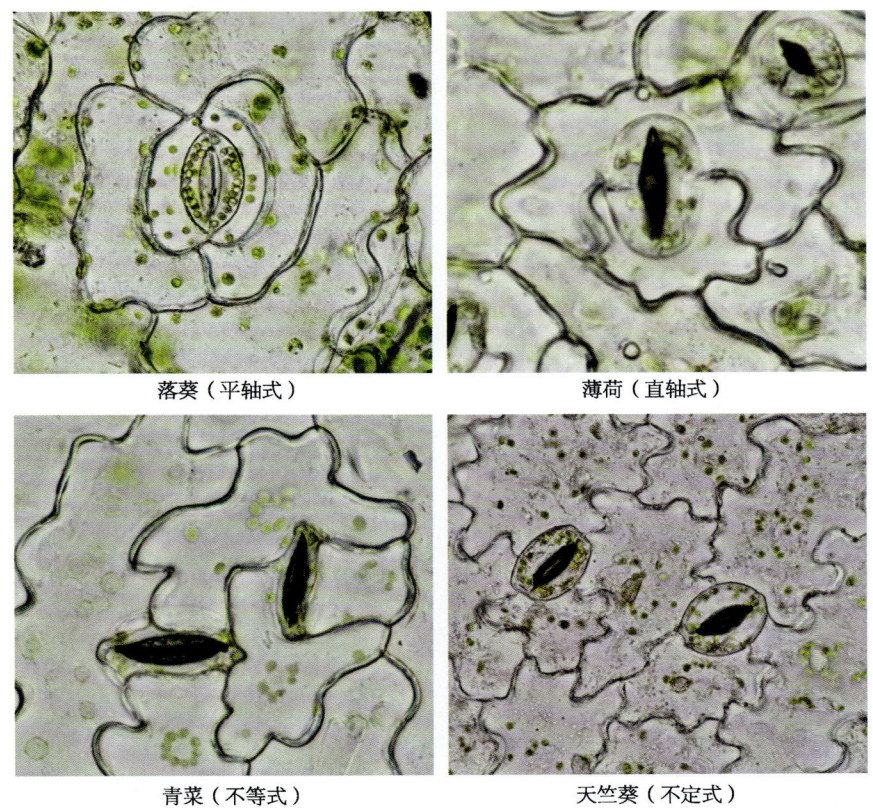

图 8-13 气孔轴式

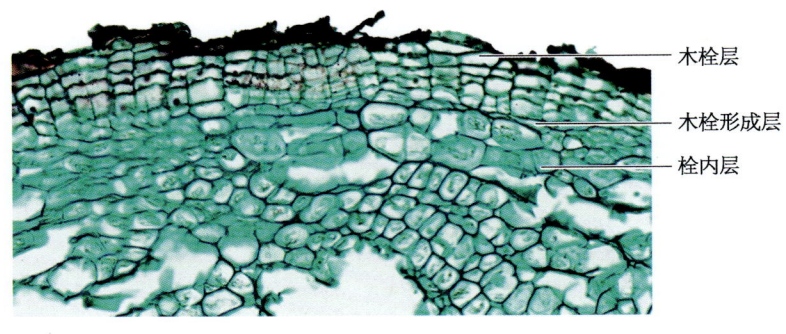

图 8-14 白头翁根的周皮

【课后作业】
1. 绘植物根尖顶端分生组织细胞图。
2. 绘向日葵茎中的基本薄壁组织细胞图。
3. 绘天竺葵叶的腺毛图、胡颓子的鳞毛图和薄荷的腺鳞图,并标注各部位。
4. 绘落葵叶、薄荷叶、青菜叶和天竺葵叶的气孔轴式图,并标注各部位。
5. 绘白头翁根周皮的细胞形态图,并标注各部位。

【思考题】

1. 简述植物不同类型分生组织的细胞特点和分布。
2. 植物不同类型薄壁组织的形态特征与其功能之间有何联系?
3. 简述表皮、周皮的来源与细胞形态差异。
4. 保护组织在药用植物鉴定中有何意义?

第九章
植物的组织(二)

【实验目的】
1. 知识目标　掌握厚角组织的特征,厚壁组织的特征,导管、筛管、伴胞的特征,分泌细胞、分泌腔、分泌道的特征。熟悉纤维、石细胞的不同形态,蜜腺的特征,乳汁管的特征。
2. 能力目标　能将组织的知识与药用植物鉴定相联系,理解其在药用植物鉴定中的应用,提高知识迁移能力。
3. 素质目标　引导学生对植物组织多样性和复杂性的探究兴趣,培养科学探索精神。

【实验材料】
1. 新鲜材料　梨果实、姜根茎、油菜花、油桐叶。
2. 永久切片　薄荷茎横切片、玉米茎纵切片、南瓜茎横切片、南瓜茎纵切片、桔梗根纵切片、松茎纵切片、橘果皮横切片、白花前胡根横切片、松茎横切片、松茎纵切片、蒲公英根纵切片。
3. 药材粉末　肉桂、厚朴、麻黄、黄柏、甘草。

【实验仪器、用品、试剂】　显微镜、解剖镜、刀片、镊子、载玻片、盖玻片、水合氯醛、稀甘油、蒸馏水。

【实验内容】

一、机械组织

1. 厚角组织　取薄荷茎横切片置于显微镜下观察,在茎的四个角处,可见细胞的角隅处增厚明显,即为厚角组织。(图9-1)

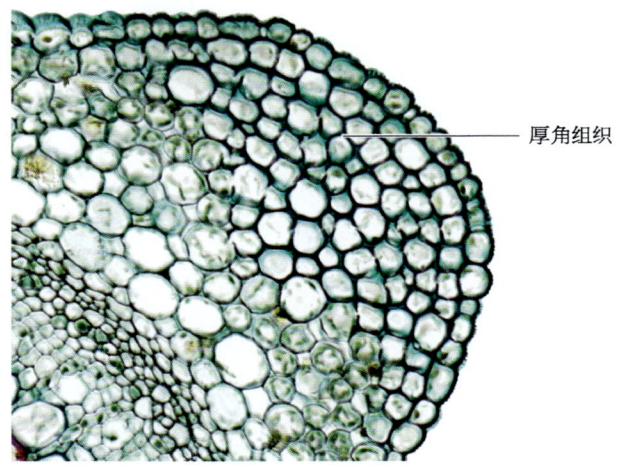

图9-1　薄荷茎厚角组织

2. 厚壁组织

（1）纤维：① 取少量肉桂粉末置于载玻片上，水合氯醛透化制片，显微镜下观察，可见纤维大多散在，长梭形，壁厚，木化，纹孔不明显。② 取厚朴粉末透化，制片观察，可见纤维壁甚厚，孔沟不明显。③ 取麻黄粉末透化，制片观察，可见纤维外壁密嵌众多细小的草酸钙砂晶，形成嵌晶纤维。④ 取黄柏粉末透化，制片观察，可见纤维束鲜黄色，周围的薄壁细胞中含有草酸钙方晶，称为晶鞘纤维。（图9-2）

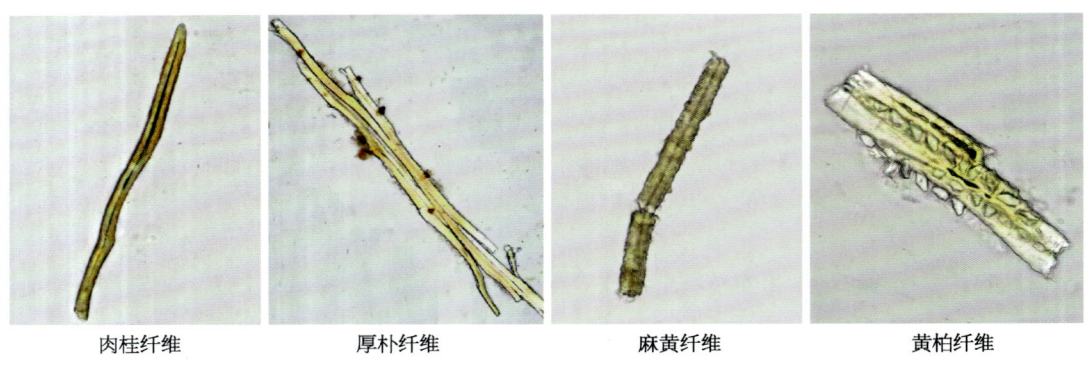

肉桂纤维　　　厚朴纤维　　　麻黄纤维　　　黄柏纤维

图9-2　纤维形态

（2）石细胞：① 挑取少量梨果肉，压碎，制成水装片后镜检，可观察到石细胞的细胞壁明显增厚，细胞腔较小，壁上有分枝纹孔。② 取肉桂粉末透化，制片观察，可见石细胞为类圆形、类方形或三角形等，细胞壁常三面增厚，一面略薄。③ 取厚朴粉末透化，制片观察，可见石细胞成群或散在，石细胞多呈分枝状，细胞壁厚。④ 取黄柏粉末透化，制片观察，可见石细胞鲜黄色，类圆形或纺锤形，有的呈分枝状，细胞壁厚。（图9-3）

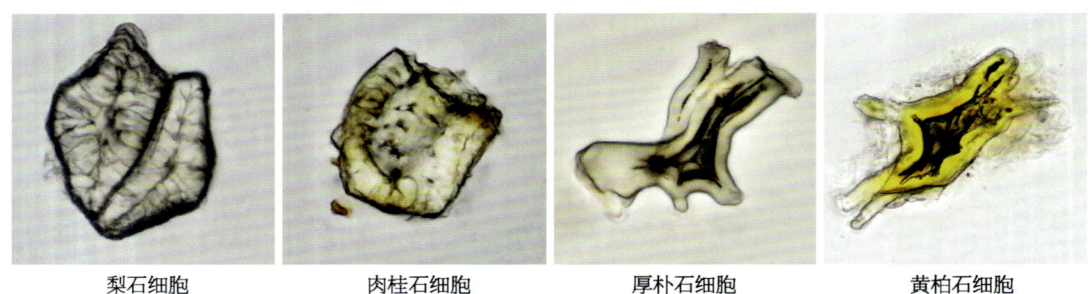

梨石细胞　　　肉桂石细胞　　　厚朴石细胞　　　黄柏石细胞

图9-3　石细胞形态

二、输导组织

1. 导管

（1）环纹及螺纹导管：取玉米茎纵切片、南瓜茎纵切片，置于显微镜下观察，在木质部位置可看到被染成红色的次生壁呈环状增厚的环纹导管和呈螺旋状增厚的螺纹导管，增厚部分所占比例略小。

（2）梯纹导管：取桔梗根纵切片，置于显微镜下观察，在导管壁上增厚的次生壁与未增厚的初生壁间隔呈梯形。

（3）网纹导管：取南瓜茎纵切片，置于显微镜下观察，其导管增厚的次生壁密集交织成网状，网孔为未增厚部分，导管的直径较大。

（4）孔纹导管：取甘草粉末，水合氯醛透化制片，可见很多导管碎片，细胞壁几乎全面增厚，未增厚部位为单纹孔或具缘纹孔。（图9-4）

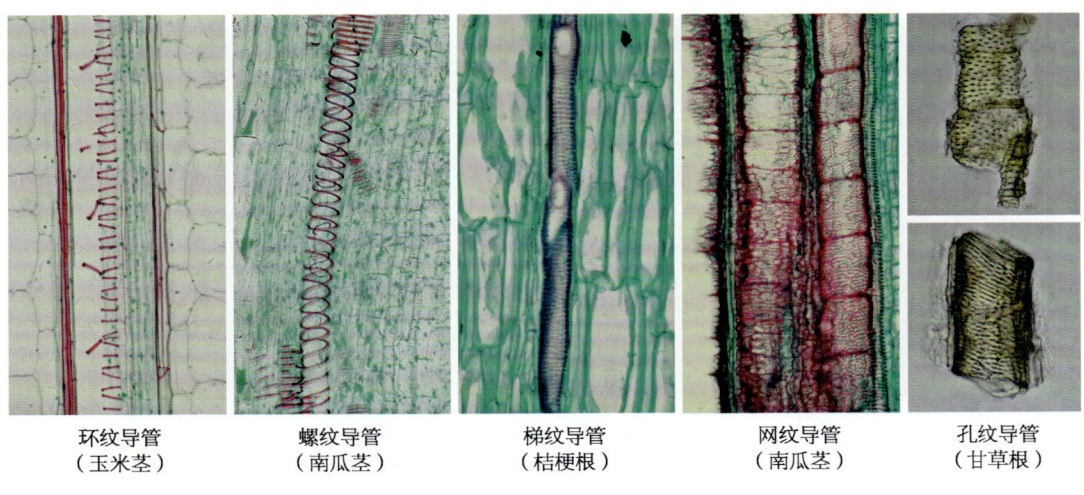

环纹导管　　螺纹导管　　梯纹导管　　网纹导管　　孔纹导管
（玉米茎）　（南瓜茎）　（桔梗根）　（南瓜茎）　（甘草根）

图9-4　导管形态

2. 管胞　取松茎纵切片，置于显微镜下观察，可见木质部主要由两端尖没有穿孔的长管状细胞组成，这些细胞为管胞，管胞尖斜的两端彼此穿插连接，紧密排列，壁较厚，木质化，被染成红色。管胞壁上有许多具缘纹孔，在高倍镜下可见到2个同心圆，其外圈是纹孔腔的边缘，内圈是纹孔口的边缘（图9-5）。在药材粉末中，有时导管和管胞很难区分，要准确识别管胞必须制作解离装片观察。

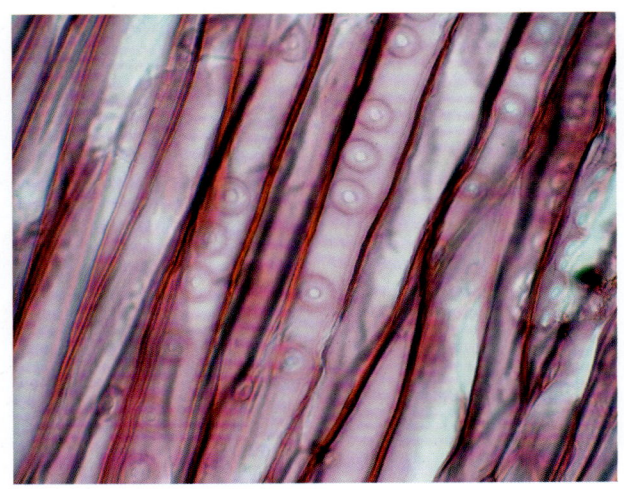

图9-5　松茎纵切片（示管胞）

3. 筛管和伴胞 取南瓜茎横切片,置于显微镜下观察,在韧皮部中可见多边形的筛管和与其伴生的三角形或长方形的小型细胞为伴胞。筛板上可见筛孔分布。

取南瓜茎纵切片,显微镜下观察,在韧皮部中可见许多轴向延长的管状细胞,有些细胞内可以见到漏斗状的联络索与筛管的上、下端壁相连,并在端壁上可见到许多小孔,这个管状细胞即为筛管,端壁上的小孔即是筛孔。在筛管的旁边可见更为细小、着色较深的细胞为伴胞。(图9-6)

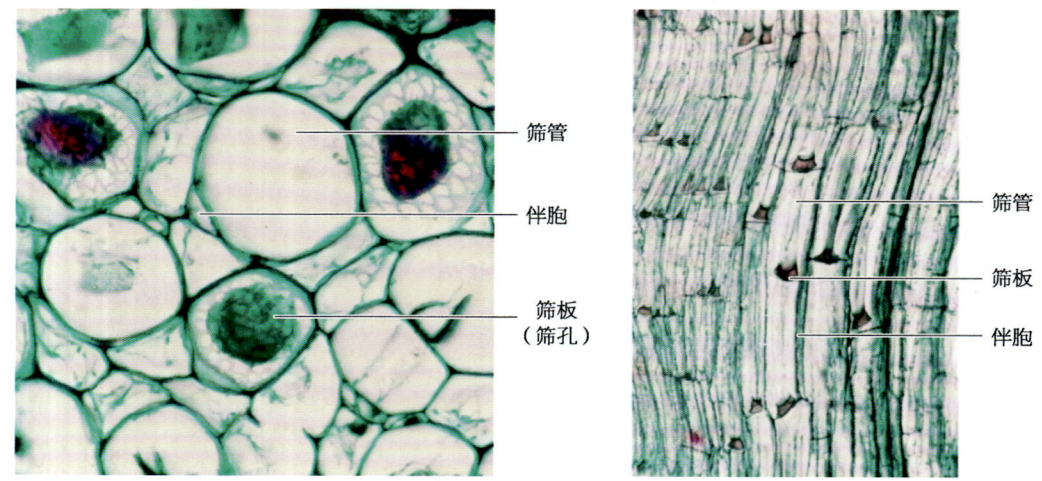

图9-6 南瓜茎横切片(示筛管、筛板和伴胞)

三、分泌组织

1. 蜜腺 取油菜花解剖,置于体视镜下观察,可见子房基部有两对蜜腺。取油桐叶片,观察叶柄顶端有2枚扁平、红色腺体。(图9-7)

油菜子房基部腺体

油桐叶柄顶端腺体

图9-7 蜜腺形态

2. 分泌细胞 取新鲜的姜徒手切片,制成水装片,置于显微镜下观察,可见含有棕黄色挥发油的油细胞。取厚朴粉末,透化制片,可见含有黄棕色挥发油的油细胞。(图9-8)

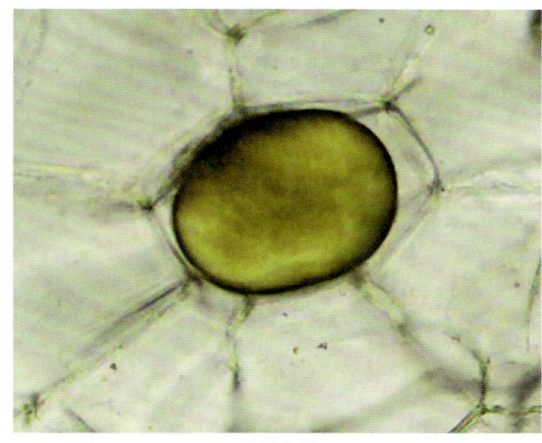 

姜油细胞　　　　　　　　　　　　　厚朴油细胞

图9-8　油细胞形态

3. 分泌腔 取橘果皮横切片,置于显微镜下观察,可见细胞壁残破的溶生式油室。取白花前胡根横切片,可看到有一圈分泌细胞围合而成的裂生式油室,这些分泌细胞略小,排列整齐紧密,与溶生式油室明显不同。(图9-9)

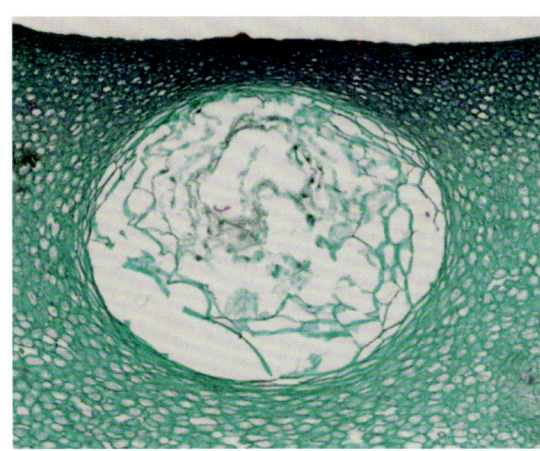 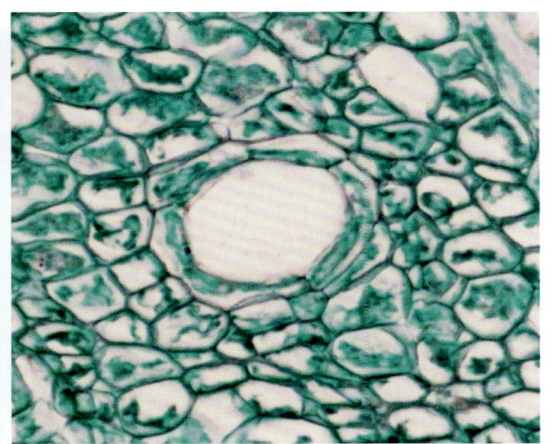

橘溶生式油室　　　　　　　　　　　白花前胡裂生式油室

图9-9　油室形态

4. 分泌道 取松茎横切片、松茎纵切片,置于显微镜下观察,可见由分泌细胞彼此分离形成的长形胞间隙的腔道,即裂生的分泌道,为树脂道。(图9-10)

5. 乳汁管 取蒲公英根纵切片,置于显微镜下观察,可见分枝状乳汁管,乳汁管内含有大量的分泌物。(图9-11)

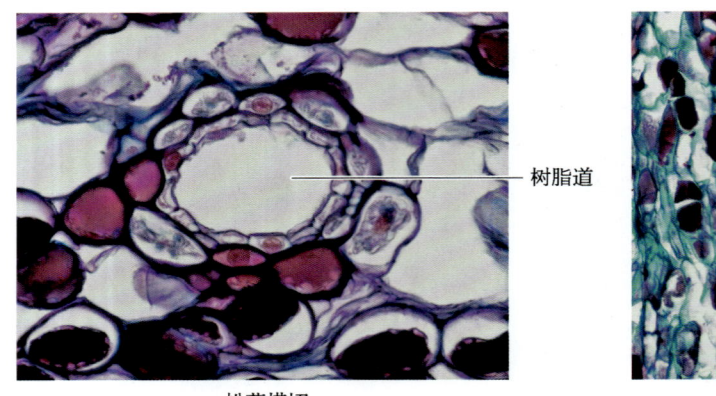

松茎横切　　　　　　　　　　　松茎纵切

图9-10　松茎切片中的树脂道

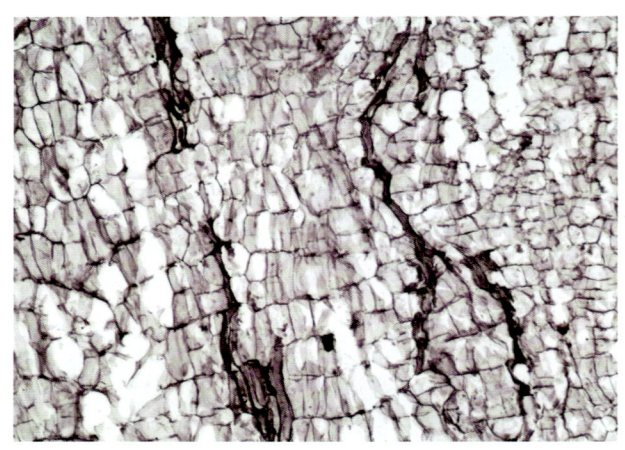

图9-11　蒲公英根纵切片中的乳汁管

【课后作业】

1. 绘薄荷茎厚壁组织形态图。
2. 绘肉桂、甘草纤维形态图。
3. 绘梨、厚朴石细胞形态图。
4. 绘南瓜茎横切片中筛管(筛板)和伴胞形态图。
5. 绘白花前胡裂生式油室形态图。

【思考题】

1. 植物的厚角组织与厚壁组织在形态、功能上有何异同？
2. 植物的导管与管胞在形态、功能上有何异同？
3. 植物输导组织的形态特征在药用植物鉴定中有何意义？
4. 植物的分泌腔与分泌道在形态、功能上有何异同？
5. 植物分泌组织的形态特征在药用植物鉴定中有何意义？

第十章
根的形态与构造

【实验目的】
1. 知识目标　掌握根系的类型,根尖的构造,双子叶植物根的初生构造,双子叶植物根的次生构造,单子叶植物根的组织构造。熟悉根的各种变态类型,根的异常构造。
2. 能力目标　能准确描述根的外部形态和内部组织构造特征。
3. 素质目标　增强学生对植物适应环境的结构理解,培养专注和细致的工作作风。

【实验材料】
1. 新鲜材料　蒲公英、桔梗、葱、麦冬、天门冬、玉米、吊兰、常春藤、菟丝子、浮萍。
2. 永久切片　根尖纵切片、毛茛根横切片、甘草根横切片、麦冬根横切片、何首乌根横切片、牛膝根横切片、黄芩老根横切片。
3. 药材标本　丹参、桑寄生。

【实验仪器、用品、试剂】　显微镜、解剖镜、刀片、镊子、解剖针。

【实验内容】

一、根系

1. 直根系　观察蒲公英、桔梗的根系,可见主根粗大发达,和侧根的界限明显。
2. 须根系　观察葱、麦冬的根系,可见主根不发达,从茎的基部节上生长出许多大小、长短相似的不定根,无主次之分。

二、根的变态

1. 贮藏根　观察丹参药材的肉质直根;天门冬不定根的中部或先端膨大,形成纺锤状块根。
2. 支持根　观察玉米茎基部的节上生长出不定根,可起到支持、固定的作用。
3. 气生根　观察吊兰暴露在空气中的不定根。
4. 攀缘根　观察常春藤茎上产生的能攀附他物的不定根。
5. 寄生根　观察带寄主的菟丝子、桑寄生标本,注意根伸入寄主的茎内,其中菟丝子不含叶绿体,为全寄生植物,桑寄生含叶绿体,为半寄生植物。
6. 水生根　观察浮萍漂浮于水中的不定根。

三、根的显微构造

1. **植物根尖的构造** 显微镜下观察植物根尖纵切片,从下向上分别为:

(1) 根冠:位于根尖的最顶端,像帽子一样包被在生长锥的外围,由多层不规则排列的薄壁细胞组成,有保护作用。

(2) 分生区:位于根冠上方,也称为生长锥,呈圆锥状,为顶端分生组织所在部位,是细胞分裂最旺盛的部分,最前端的细胞形状为多面体,排列紧密,细胞壁薄,细胞质浓,细胞核大。

(3) 伸长区:位于生长锥的上方,到出现根毛的地方,一般长 2~5 mm,多数细胞已逐渐停止分裂,细胞中液泡大量出现。

(4) 成熟区:位于伸长区的上方,细胞分化成熟,并形成了各种初生组织。此区最大特点是表皮一部分细胞的外壁向外突出形成众多根毛,也称根毛区,根毛的生活期很短。(图 10-1)

2. **双子叶植物根的初生构造** 显微镜下观察毛茛根横切片,从外到内分别为:

(1) 表皮:位于根的最外围,由单层细胞组成,细胞排列整齐、紧密,无细胞间隙,细胞壁薄,富有通透性,无气孔。一部分表皮细胞的外壁向外突起,延伸形成根毛。

(2) 皮层:位于表皮内方,由多层薄壁细胞组成,占根较大比例。通常可分为外皮层、皮层薄壁组织和内皮层。① 外皮层,为皮层最外方紧接表皮的一层细胞,排列整齐、紧密,没有细胞间隙。② 皮层薄壁组织,为外皮层内方的多层细胞,细胞壁薄,排列疏松,有细胞间隙。③ 内皮层,为皮层最内的一层细胞,排列紧密,无细胞间隙。内皮层细胞的径向壁(侧壁)和上下壁(横壁)局部增厚呈带状,称凯氏带,从横切面观,径向壁增厚的部分成点状,称凯氏点。在内皮层细胞壁增厚的过程中,有少数正对初生木质部角的内皮层细胞的壁不增厚,为通道细胞。

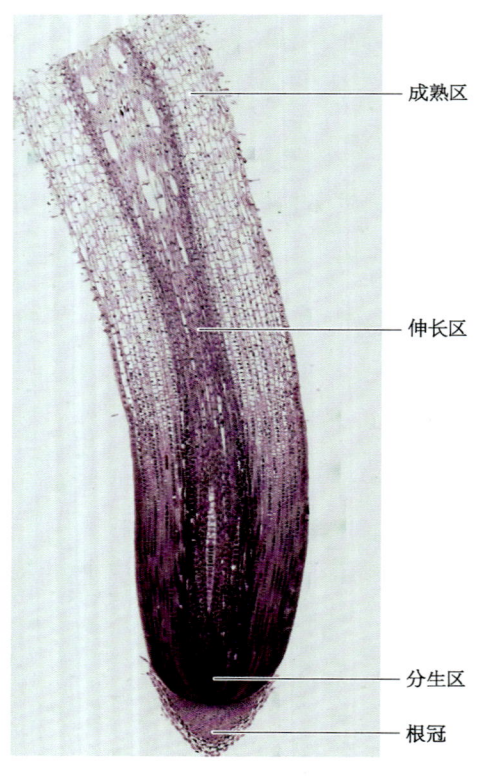

图 10-1 植物根尖构造

(3) 维管柱:根内皮层以内所有组织构造。① 中柱鞘,紧贴内皮层,常由一层薄壁细胞构成。② 初生木质部和初生韧皮部,初生木质部呈星角状,与初生韧皮部相间排列成辐射维管束。初生木质部和初生韧皮部分化成熟的顺序均为外始式。初生木质部一般有导管、木薄壁细胞,初生韧皮部一般有筛管和伴胞、韧皮薄壁细胞。初生木质部分化到维管柱中心,不具髓部。(图 10-2)

3. **双子叶植物根的次生构造** 显微镜下观察甘草根横切片,从外到内分别为:

(1) 周皮:由木栓层、木栓形成层和栓内层组成。木栓层由多列切向延长的、平行排列的木栓细胞组成,木栓形成层少见,栓内层通常为数列薄壁细胞,排列较疏松。

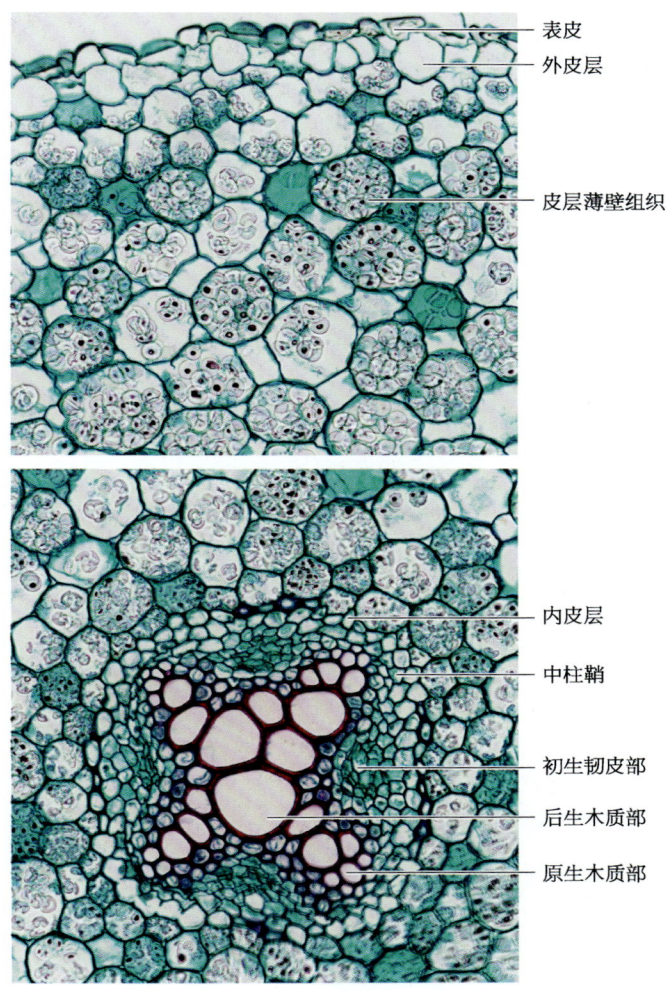

图 10-2 双子叶植物根初生构造（毛茛根）

（2）韧皮部：初生韧皮部细胞大多颓废，次生韧皮部包括筛管、伴胞、韧皮薄壁细胞、韧皮纤维等，韧皮射线常弯曲，有裂隙。纤维多成束，周围的薄壁细胞常含草酸钙方晶，形成晶鞘纤维。

（3）形成层：形成层成环。

（4）木质部：占根的大部分，由导管、木薄壁细胞或木纤维组成，木射线较明显。木纤维成束，亦形成晶鞘纤维。（图 10-3）

4. **单子叶植物根的构造** 显微镜下观察麦冬根横切片，从外到内分别为：

（1）表皮：分裂成多层细胞，细胞壁木栓化，形成"根被"。

（2）皮层：宽厚，分为外皮层、皮层薄壁组织和内皮层。外皮层为一层排列紧密、整齐的细胞；皮层薄壁组织的细胞排列疏松；内皮层细胞壁全部增厚，木化，有通道细胞，外侧为 1 列石细胞，其内壁及侧壁增厚。

（3）中柱：较小，最外为中柱鞘，维管束辐射型，韧皮部束与木质部束交互排列，15～22 个。髓部明显。（图 10-4）

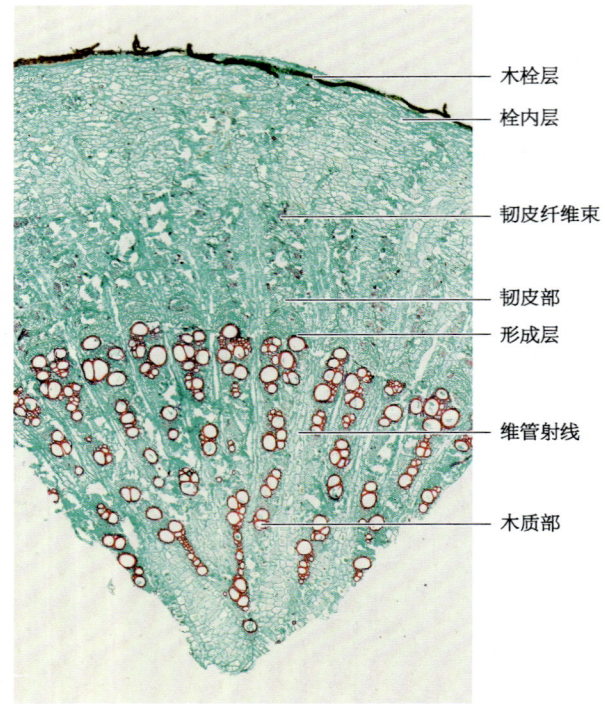

图 10-3 双子叶植物根的次生构造（甘草根）

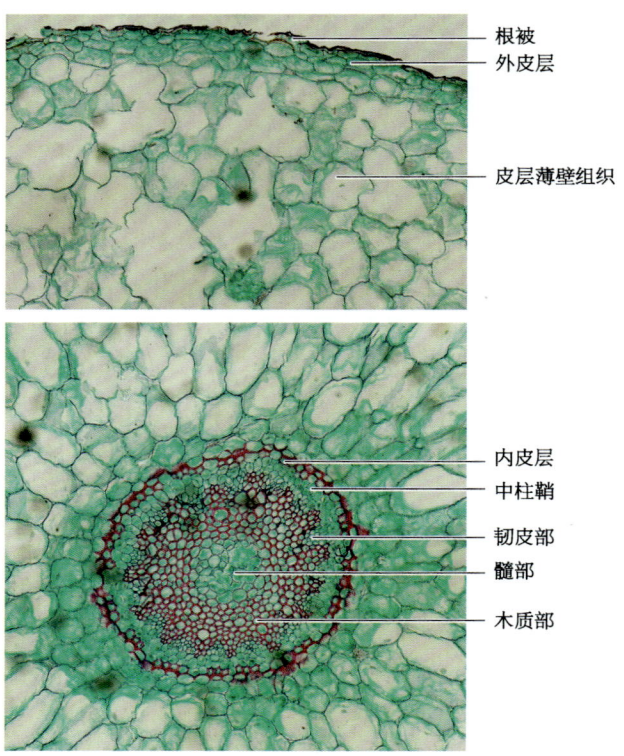

图 10-4 单子叶植物根的构造（麦冬根）

5. 根的异常构造

（1）何首乌块根横切片：木栓层为数列细胞。韧皮部较宽，散有类圆形异型维管束4～11个，外韧型，导管稀少。中央为正常维管束。异型维管束是正常维管束形成后，韧皮部外侧的薄壁细胞恢复分裂功能而产生，故在何首乌块根的横切面上能看到大小不等的圆圈状花纹，药材鉴别上称为"云锦花纹"。（图10-5）

（2）牛膝根横切片：木栓层为数列细胞。异型维管束外韧型，断续排列成2～4轮，外轮的维管束较小，向内维管束较大。初生木质部为二原型。异型维管束是正常维管束形成后，由中柱鞘细胞分裂产生新的形成层，并形成第一轮同心环维管束，以后随着外方薄壁细胞继续分裂，又相继形成第二轮、第三轮等同心环维管束，构成同心多环维管束的异常构造。（图10-6）

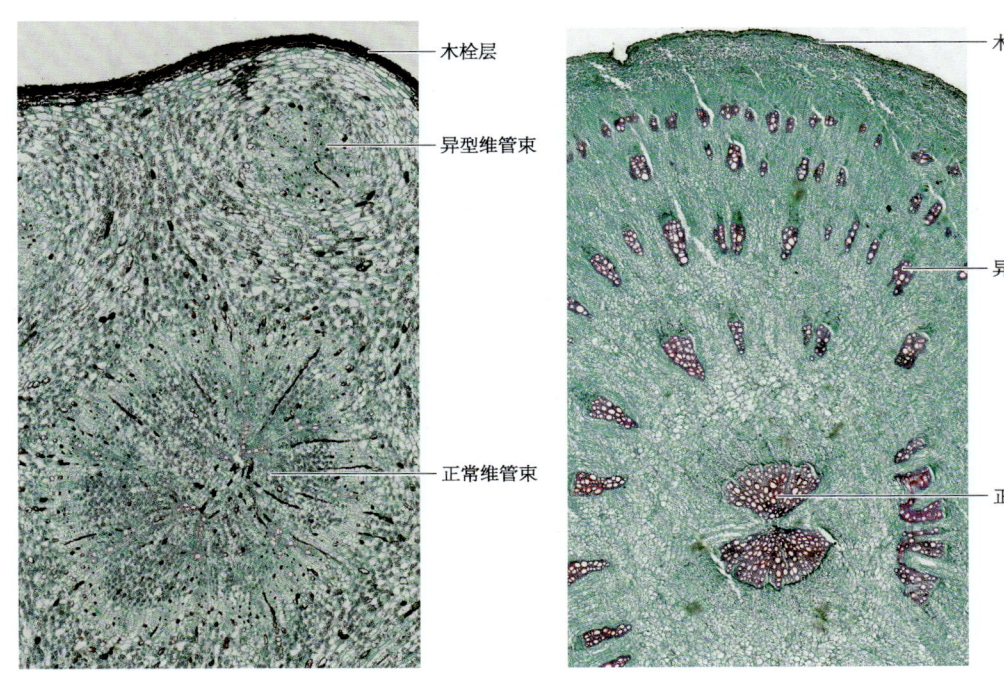

图10-5　何首乌块根横切面构造　　　　图10-6　牛膝根横切面构造

【课后作业】
1. 绘蒲公英和葱的根系图，并注明根系类型。
2. 绘植物根尖构造简图，并标注各部位。
3. 绘毛茛根横切面详图，并标注各部位。
4. 绘甘草根横切面详图，并标注各部位。
5. 绘麦冬根横切面简图，并标注各部位。

【思考题】
1. 定根和不定根有何区别？
2. 根的不同变态类型有何生物学意义？
3. 简述凯氏带形成的过程及其生物学功能。
4. 植物根的异常构造在药材鉴定中有何意义？

第十一章
茎的形态与构造

【实验目的】

1. 知识目标　掌握茎的基本组成及形态特征，双子叶植物茎的初生构造，双子叶植物木质茎的次生构造，双子叶植物根状茎的构造，单子叶植物茎的组织构造。熟悉茎的各种变态类型，双子叶植物草质茎的次生构造，茎和根状茎的异常构造。

2. 能力目标　能准确识别茎的外部形态和内部组织构造特征。

3. 素质目标　培养科学思维方法，通过对比茎与根的形态和构造差异，学会运用比较法、归纳法等科学思维方式。

【实验材料】

1. 新鲜材料　玉兰、夹竹桃、薄荷、荆三棱、仙人掌、天竺葵、异叶地锦、葡萄、常春藤、何首乌、连钱草、天门冬、山楂、姜、马铃薯、荸荠、洋葱的茎。

2. 永久切片　向日葵幼茎横切片、椴树茎横切片、薄荷茎横切片、黄连根状茎横切片、大黄根状茎横切片、玉米茎横切片。

3. 药材标本　钩藤、黄精、半夏、川贝母。

【实验仪器、用品、试剂】　显微镜、解剖镜、刀片、镊子、解剖针。

【实验内容】

一、茎的形态

1. 茎的组成　观察玉兰枝条的形态，辨别出节、节间、顶芽、腋芽（侧芽）、叶痕、托叶痕、芽鳞痕和皮孔。

2. 茎的外形　观察夹竹桃茎、薄荷茎、荆三棱茎、仙人掌茎，注意茎的不同形状。

3. 茎的生长习性　观察天竺葵直立茎、异叶地锦攀缘茎（吸盘）、葡萄攀缘茎（茎卷须）、常春藤攀缘茎（不定根）、何首乌缠绕茎、连钱草匍匐茎。

二、茎的变态

1. 地上茎的变态

（1）叶状茎：观察天门冬，茎扁化变态成绿色的叶状体，叶退化成鳞片。

（2）茎卷须：观察葡萄茎，茎端变态形成卷须，其位置或与花枝的位置相当。

（3）刺状茎：观察山楂粗短、坚硬的枝刺，生于叶腋，可与叶刺相区分。

（4）钩状茎：观察钩藤茎的侧轴变为钩状，粗短，不分枝，位于叶腋。

2. 地下茎的变态

(1) 根状茎：观察姜、黄精的根状茎，注意辨别节和节间、鳞片状退化的叶、顶芽、腋芽、侧芽或茎痕。

(2) 块茎：观察马铃薯、半夏的块茎，肉质肥大呈不规则块状，节间缩短，节上具芽。

(3) 球茎：观察荸荠的球茎，具明显的节和缩短的节间，节上有较大的膜质鳞片，顶芽发达，腋芽常生于其上半部，基部生不定根。

(4) 鳞茎：观察洋葱的纵剖面，具圆盘状的地下茎，节间极度缩短，称鳞茎盘，可见顶芽、鳞片叶、腋芽。观察川贝母的鳞茎，鳞叶较肥厚。

三、茎的显微构造

1. **双子叶植物茎的初生构造**　取向日葵幼茎横切片，置于显微镜下观察，从外向内构造如下。

(1) 表皮：为一层排列整齐、紧密的扁长方形的薄壁细胞，外壁角质加厚，有时可见非腺毛。

(2) 皮层：为多层薄壁细胞，具细胞间隙，与根的初生构造相比，所占比例较小。靠近表皮的下方为数层厚角组织，细胞在角隅处加厚，其内为数层薄壁细胞。

(3) 维管柱：所占面积宽广，包括维管束、髓射线和髓。① 维管束，数个无限外韧型维管束排成一轮，每个维管束由初生韧皮部、束中形成层、初生木质部组成。初生韧皮部外侧有纤维束。② 髓射线，两个维管束之间的薄壁细胞，外连皮层、内接髓部。③ 髓，位于茎的中央，由薄壁细胞组成，排列疏松。(图 11-1)

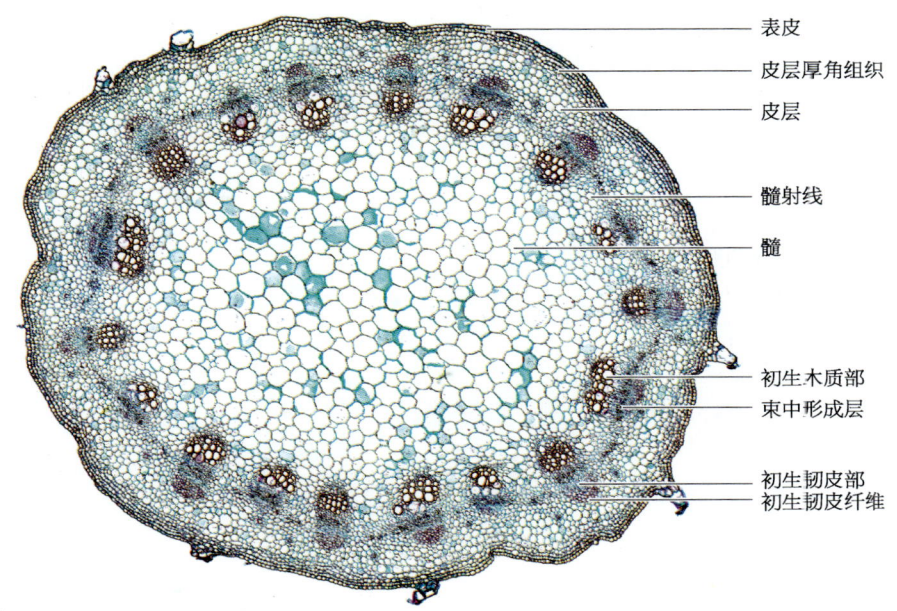

图 11-1　双子叶植物茎的初生构造(向日葵)

2. **双子叶植物木质茎的次生构造**　取椴树茎横切片，置于显微镜下观察，从外向内构造如下。

(1) 周皮：由木栓层、木栓形成层和栓内层组成。

(2)皮层：较窄，由多层细胞组成，最外有数层厚角组织，向内为薄壁组织，细胞内常含有大的草酸钙簇晶。

(3)韧皮部：细胞排列成梯形，底部靠近形成层，与排列成喇叭形的射线薄壁细胞相间分布。可见被染成红色的韧皮纤维与被染成绿色的韧皮薄壁细胞、筛管和伴胞呈横条状相间排列。

(4)形成层：形成层区呈环状，由4～5层排列整齐的扁长细胞组成。

(5)木质部：位于形成层内方，占有最大面积。次生木质部内，细胞壁较薄，染色较浅的部分为早材；细胞较小，细胞壁较厚，染色较深的为晚材。第一年晚材和第二年早材之间的界限形成年轮。紧靠髓部周围的一群小型导管为初生木质部。

在每个维管束内，可见由木质部和韧皮部中的横向运输的薄壁细胞组成的射线，即维管射线，其中位于木质部的称为木射线，位于韧皮部的称为韧皮射线。

(6)髓：位于中央，多由薄壁细胞组成，有的含草酸钙簇晶，有的含黏液和单宁，所以部分细胞染色较深。靠近初生木质部处的一层薄壁细胞略木化，呈环状排列，称为环髓带。(图11-2)

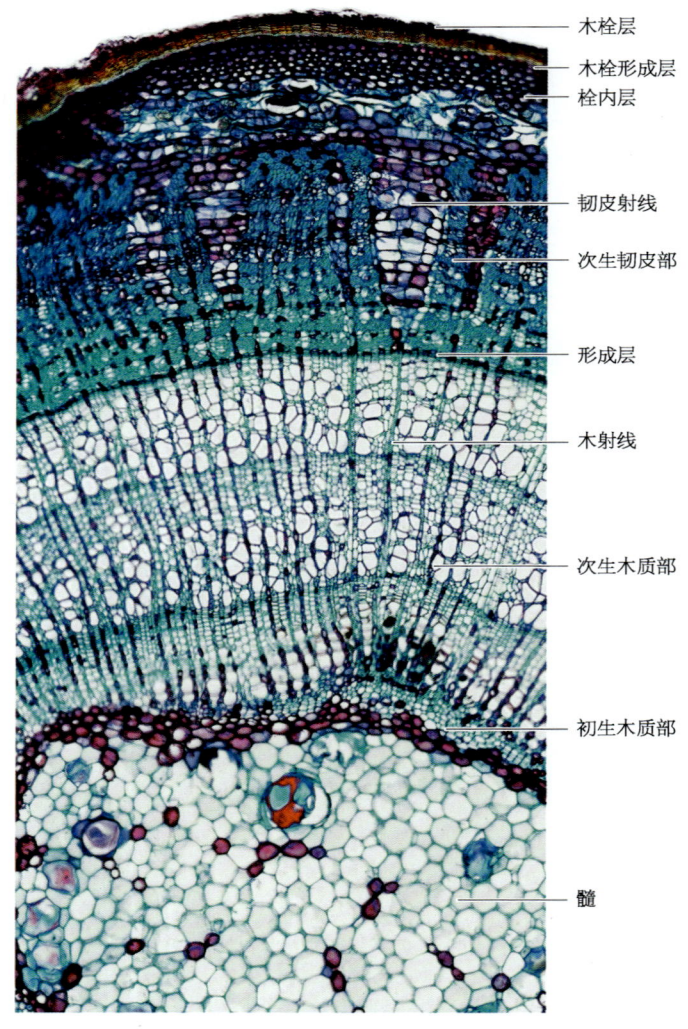

图11-2 双子叶植物木质茎的次生构造(椴树)

3. 双子叶植物草质茎的次生构造　取薄荷茎横切片,置于显微镜下观察,从外向内构造如下。

（1）表皮：为一层长方形表皮细胞组成,外被角质层,具毛茸。

（2）皮层：较窄,由数层排列疏松的薄壁细胞组成。在4个棱角处具厚角组织,其细胞角隅处加厚明显。

（3）维管柱：包括维管束、髓及髓射线。① 维管束,由4个正对棱角的大维管束和其间较小的维管束环状排列而成,为无限外韧维管束,束间形成层明显,束中形成层与束间形成层连成一环。次生构造不发达,木质部在棱角处较发达,导管单列,径向排列。② 髓,发达,由大型薄壁细胞组成。③ 髓射线,由维管束间的薄壁细胞组成,宽窄不一。（图11-3）

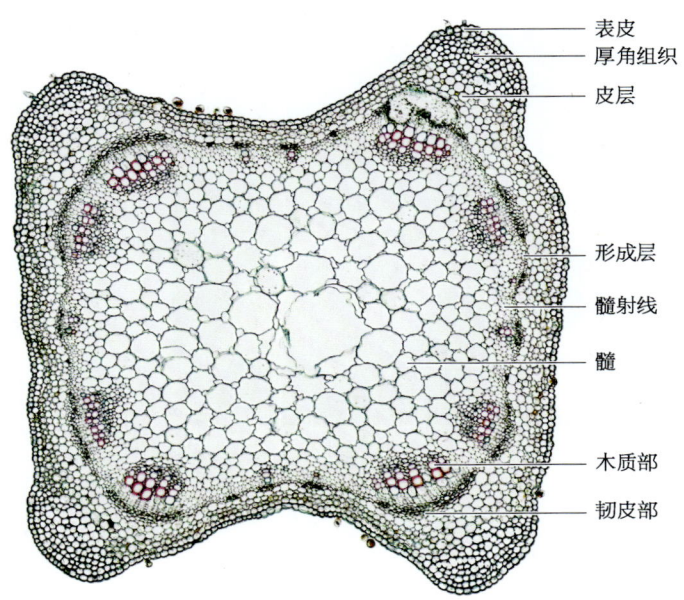

图11-3　双子叶植物草质茎的次生构造(薄荷)

4. 双子叶植物根状茎的构造　取黄连根状茎横切片,置于显微镜下观察,从外到内的构造如下。

（1）木栓层：由数层木栓细胞组成,有的外侧附有鳞片叶。

（2）皮层：宽广,石细胞单个或成群散在,可见根迹维管束斜向通过。

（3）维管束：无限外韧型维管束环状排列,束间形成层不明显。韧皮部外侧有纤维束,其间夹有石细胞。木质部细胞均木化,包括导管、木纤维和木薄壁细胞。

（4）髓：位于中央,由类圆形薄壁细胞组成,含有细小淀粉粒。（图11-4）

5. 双子叶植物的异常构造

大黄根状茎横切片：在低倍镜下可见木质部和宽广的髓部,髓部有多数星点状的异常维管束。转换高倍镜观察异型维管束,其形成层呈环状,内方为韧皮部,外方为木质部,射线呈星状射出。（图11-5）

6. 单子叶植物茎的构造　取玉米茎横切片,置于显微镜下观察,从外向内构造如下。

（1）表皮：最外层排列整齐紧密的细胞,呈扁方形,外壁有较厚的角质层。

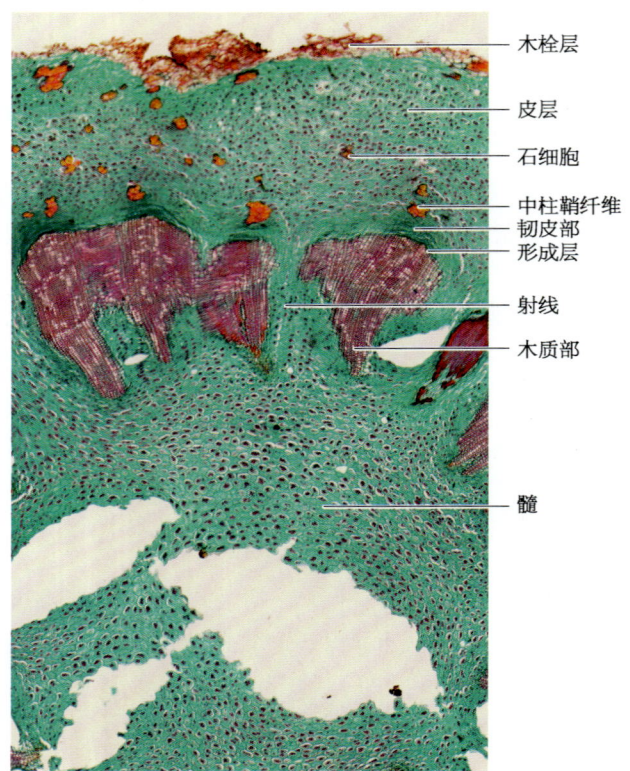

图 11-4 双子叶植物根状茎的构造（黄连）

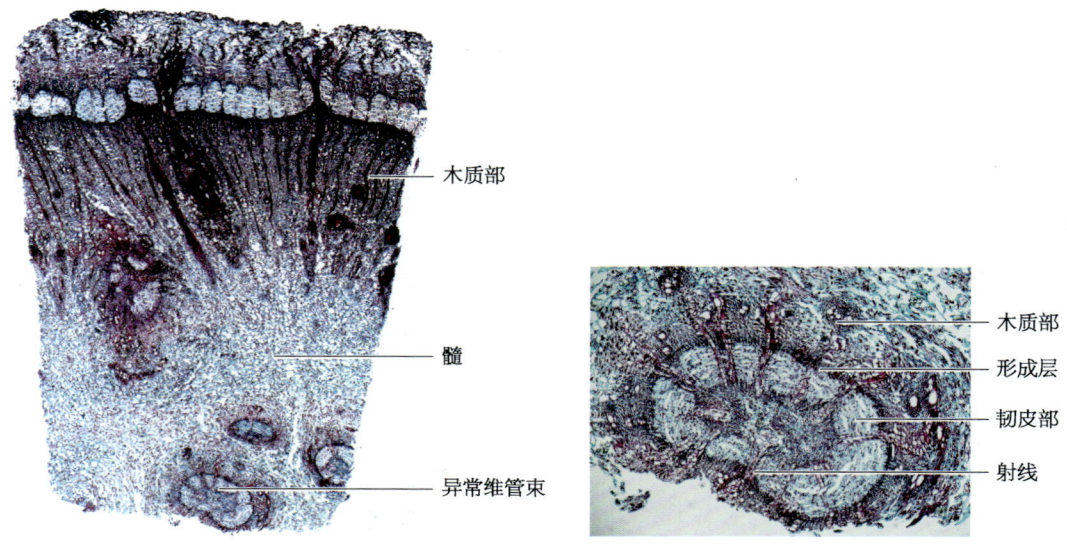

图 11-5 大黄根状茎髓部异常维管束构造

(2) 基本组织：表皮以内的组织，靠近表皮的数层细胞较小，排列紧密，胞壁增厚而木质化，形成厚壁组织，内为薄壁组织。无皮层、髓和髓射线之分。

(3) 维管束：分散在基本组织中，靠外方的维管束小，内方的渐大。每个维管束外围有一圈由纤维组成的维管束鞘，初生木质部和初生韧皮部排列成有限外韧型维管束，无形成层。初生木质部中常具一个大空腔，是由于茎的伸长而将环纹或螺纹导管扯破形成的裂隙。（图11-6）

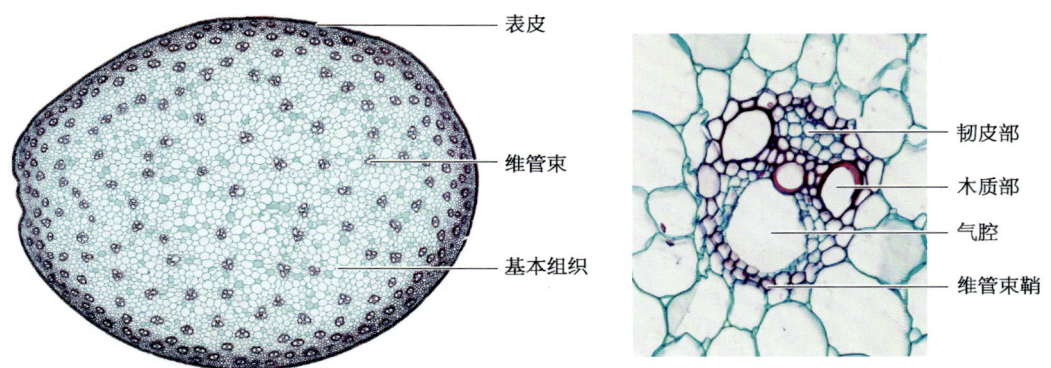

图 11-6 玉米茎横切面构造及一个维管束放大图

【课后作业】

1. 绘玉兰枝条的外形图，并标注各部位。
2. 绘向日葵茎横切面简图及一个维管束的详图，并标注各部位。
3. 绘椴树茎横切面详图，并标注各部位。
4. 绘薄荷茎横切面详图，并标注各部位。
5. 绘玉米茎横切面简图及一个维管束的详图，并标注各部位。

【思考题】

1. 双子叶植物茎和单子叶植物茎的构造有何异同？
2. 双子叶植物草质茎和木质茎的构造有何差异？

第十二章 叶的形态与构造

【实验目的】

1. **知识目标** 掌握叶的基本组成及形态特征,脉序、叶序、复叶的不同类型,双子叶植物叶的组织构造。熟悉叶的各种变态类型,单子叶植物叶的组织构造。

2. **能力目标** 能准确描述叶的外部形态和内部组织构造特征,理解叶片如何适应不同的环境条件。

3. **素质目标** 鼓励学生在实验和观察过程中提出自己的见解和假设,培养创新思维和探索精神。

【实验材料】

1. **新鲜材料** 月季、女贞、香樟、百合、竹、银杏、八角金盘、南天竹、酢浆草、鹅掌柴、柑橘、薄荷、夹竹桃、枸杞的叶,菊花、红掌、洋葱、仙人掌、小檗、野豌豆。

2. **永久切片** 薄荷叶横切片、淡竹叶横切片。

【实验仪器、用品、试剂】 显微镜、解剖镜、镊子、刀片、解剖针。

【实验内容】

一、叶的形态

1. **叶的组成** 观察月季叶的形态,分辨出托叶、总叶柄、小叶。(图 12-1)

2. **叶片形状** 观察女贞叶、香樟叶、百合叶、竹叶的形状,注意叶片全形及叶缘、叶基、叶端的形状。

3. **脉序** 观察银杏叶的分叉脉序、女贞叶的羽状网脉、八角金盘叶的掌状网脉、百合叶的平行脉序。

4. **单叶和复叶** 观察香樟、女贞的单叶,月季的羽状复叶,南天竹的多回羽状复叶,酢浆草的掌状三出复叶,鹅掌柴的掌状复叶,柑橘的单身复叶。

5. **叶序** 观察百合的互生叶序、薄荷的对生叶序、夹竹桃的轮生叶序、枸杞短枝的簇生叶序。

图 12-1 月季叶的组成

二、叶的变态

1. **总苞片** 观察菊花和红掌的总苞片,红掌等天南星科植物的总苞片又称为佛焰苞。

2. **鳞叶** 观察洋葱的肉质鳞叶和膜质鳞叶。

3. **刺状叶** 观察仙人掌、小檗的刺状叶。

4. **叶卷须** 观察野豌豆的羽状复叶上部小叶形成的叶卷须。

三、叶的显微构造

1. **双子叶植物叶的构造** 取薄荷叶横切片,置于显微镜下观察,从外向内构造如下。

(1) 表皮:包括上表皮和下表皮,均由一层细胞组成,排列紧密。上表皮细胞长方形,下表皮细胞较小,均扁平。被角质层,具气孔,可见腺鳞、腺毛和非腺毛。

(2) 叶肉:包括栅栏组织和海绵组织。栅栏组织位于上表皮下方,呈圆柱形,垂直于表皮,细胞排列整齐紧密,含大量叶绿体;海绵组织位于栅栏组织下方,细胞形状不规则,排列疏松,有较大的细胞间隙,含叶绿体较少。

(3) 叶脉:主脉位于叶的中间膨大处。维管束为外韧型,形成层活动有限;木质部位于近轴面,即靠近上表皮的一面,导管常 2~6 个纵列成行;韧皮部位于远轴面,即靠近下表皮的一面,细胞小,呈多角形;维管束的上下方有厚角组织。(图 12-2)

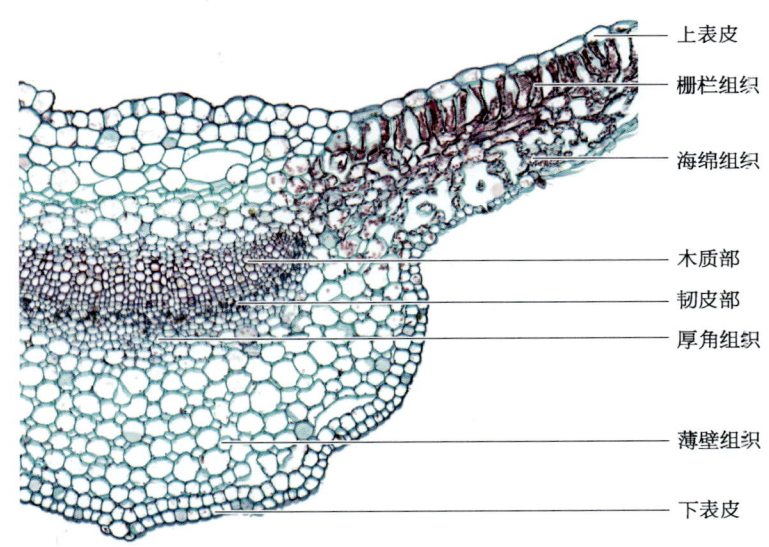

图 12-2 双子叶植物叶的构造(薄荷叶)

2. **单子叶植物叶的构造** 取淡竹叶横切片,置于显微镜下观察,从外向内构造如下。

(1) 表皮:包括上表皮和下表皮,均由一层细胞组成,排列紧密。上表皮中可见大型的薄壁细胞(泡状细胞),下表皮细胞较小。上、下表皮均有角质层、气孔及非腺毛。

(2) 叶肉:栅栏组织由一列圆柱形的细胞组成,海绵组织由 1~3 列排成较疏松的不规则圆柱形细胞组成。

(3) 叶脉:中脉为一个较大型的有限外韧型维管束,周围有厚壁组织包围成维管束鞘。木质部导管排成 V 形,下部为韧皮部,韧皮部和木质部之间有 1~3 层纤维间隔;在维管束的上、下方与表皮相接处,有多层小型纤维,其余均为大型薄壁细胞。(图 12-3)

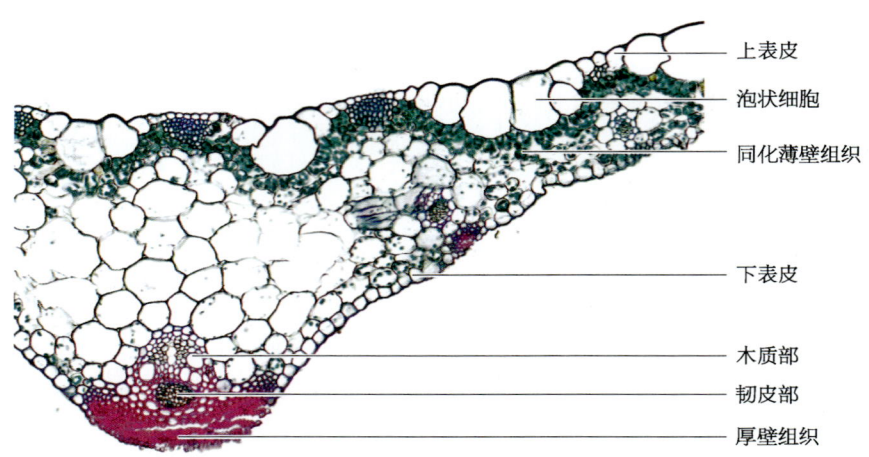

图 12-3 单子叶植物叶的构造(淡竹叶)

【课后作业】
1. 绘女贞叶、百合叶的形态图,并注明所属脉序类型。
2. 绘月季羽状复叶的形态图,并标注各部位。
3. 绘薄荷叶横切面详图,并标注各部位。
4. 绘淡竹叶横切面简图,并标注各部位。

【思考题】
1. 如何区分羽状复叶和着生单叶的枝条?
2. 双子叶植物的叶和单子叶植物的叶在形态特征、组织构造上有何异同?
3. 叶的形态、构造与功能有何相关性?

第十三章
花的形态与花序

【实验目的】
1. 知识目标　掌握花的组成,雄蕊的类型,雌蕊的类型,子房的位置,胎座的类型,花程式。熟悉常见的花序类型。
2. 能力目标　能准确识别花的外部形态特征,掌握花的解剖方法,理解花的形态和结构如何适应不同的传粉方式。
3. 素质目标　引导学生理解结构与功能相适应的生物学原理,培养逻辑推理和归纳总结的能力;引导学生关注植物学的最新研究成果,培养终身学习的意识。

【实验材料】
新鲜材料或标本　百合、蜀葵、金丝桃、两型豆、菊芋、蓝花草、油菜、望江南、石竹、刺果毛茛、樱、贴梗海棠、桔梗、泰国洋兰的花,荠菜、南天竹、车前、半夏、山楂、八角金盘、茴香、蒲公英、聚合草、香雪兰、冬青卫矛、丹参的花序(或果序)。

【实验仪器、用品、试剂】　解剖镜、镊子、刀片、解剖针。

【实验内容】

一、花的组成

取一朵百合花,用镊子由外向内逐层剥离。依次为外轮花被片 3 枚、内轮花被片 3 枚、雄蕊 6 枚、雌蕊 1 枚。分别进行观察:
1. 花被　观察是否有花萼和花冠的分化、花被片数量、离合情况和排列方式。
2. 雄蕊群　观察雄蕊离合情况、排列方式和着生位置。
3. 雌蕊群　观察组成雌蕊的心皮离合情况、子房位置,解剖子房观察子房室数、每室胚珠数和胎座类型。(图 13-1)

二、雄蕊的类型

1. 单体雄蕊　花丝连合成一束,呈筒状,花药分离,如蜀葵。
2. 多体雄蕊　雄蕊多数,花丝连合成数束,如金丝桃。
3. 二体雄蕊　花丝连合成 2 束,如两型豆有 10 枚雄蕊,其中 9 枚连合,1 枚分离。
4. 聚药雄蕊　花药连合成筒状,花丝分离,如菊芋。
5. 二强雄蕊　雄蕊 4 枚,其中 2 枚花丝较长,2 枚较短,如蓝花草。
6. 四强雄蕊　雄蕊 6 枚,其中 4 枚花丝较长,2 枚较短,如油菜。(图 13-2)

图 13-1 百合花形态与解剖图

单体雄蕊　　　　　　多体雄蕊　　　　　　二体雄蕊
（蜀葵）　　　　　　（金丝桃）　　　　　（两型豆）

聚药雄蕊　　　　　　二强雄蕊　　　　　　四强雄蕊
（菊芋）　　　　　　（蓝花草）　　　　　（油菜）

图 13-2　雄蕊的类型

三、雌蕊的类型

1. **单雌蕊**　由 1 个心皮构成的雌蕊，如望江南。
2. **复雌蕊**　由一朵花内 2 个或 2 个以上心皮彼此连合构成的雌蕊，如石竹。
3. **离生心皮雌蕊**　由一朵花内多数离生心皮构成的雌蕊，如刺果毛茛。（图 13-3）

单雌蕊　　　　　　　复雌蕊　　　　　　离生心皮雌蕊
（望江南）　　　　　（石竹）　　　　　（刺果毛茛）

图 13-3　雌蕊的类型

四、子房的位置

1. **子房上位**　花托扁平，子房仅底部与花托相连，花被、雄蕊着生在子房下方花托上，为子房上位的下位花，如百合。若花托下陷，子房着生于凹陷花托中央不与花托愈合，花被、雄蕊着生于花托上端边缘，为子房上位的周位花，如樱。

2. **子房下位** 花托凹陷，子房完全生于花托内并与花托愈合，花被、雄蕊着生于子房上方的花托边缘，如贴梗海棠。

3. **子房半下位** 子房下半部着生于凹陷的花托中央并与花托愈合，上半部外露，花被、雄蕊着生于花托边缘，如桔梗。（图13-4）

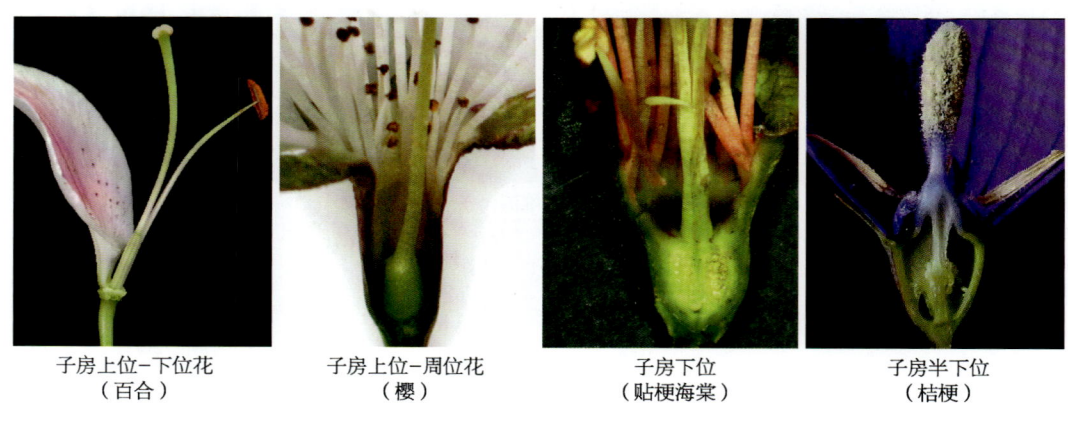

图13-4 子房的位置

五、胎座的类型

1. **边缘胎座** 由单心皮雌蕊形成，子房1室，胚珠沿腹缝线边缘着生，如望江南。
2. **侧膜胎座** 由合生心皮雌蕊形成，子房1室，胚珠着生在心皮连合的腹缝线（侧膜）上，如泰国洋兰。
3. **中轴胎座** 由合生心皮雌蕊形成，胚珠着生在心皮愈合的中轴上，子房室数与心皮数相等，如百合。
4. **特立中央胎座** 由合生心皮雌蕊形成，子房室的隔膜与中轴上部消失，形成1个子房室，胚珠着生在残留于子房中央的中轴周围，如石竹。
5. **基生胎座** 子房1室，1枚胚珠着生于子房基部，如菊芋。（图13-5）

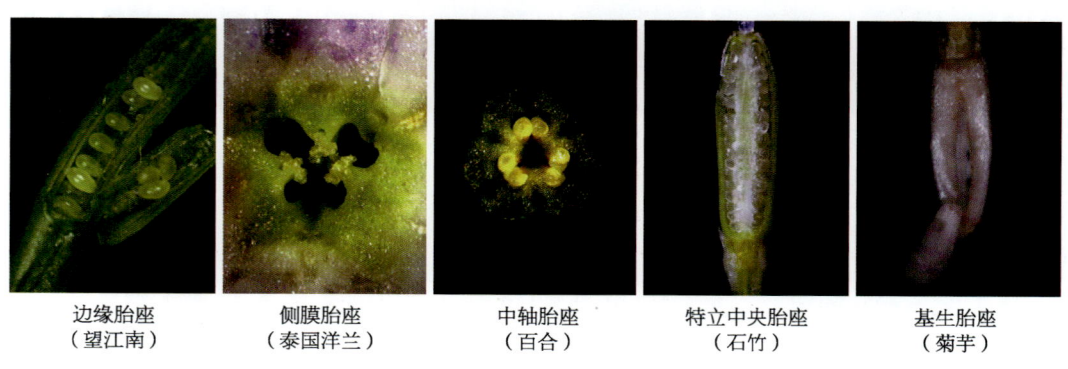

图13-5 胎座的类型

六、花序的类型

1. **无限花序** 开花期间,花序轴的顶端继续向上生长,花由花序轴的基部向顶端依次开放,或由缩短膨大的花序轴边缘向中心依次开放。

观察荠菜(总状花序)、南天竹(复总状花序)、车前(穗状花序)、半夏(肉穗花序)、山楂(伞房花序)、八角金盘(伞形花序)、茴香(复伞形花序)、蒲公英(头状花序)等植物的花序,注意区分花序类型之间的不同。

2. **有限花序** 开花期间,花序轴顶端或中心的花先开,花序轴不能继续向上生长,只能在顶花下方产生侧轴,开花顺序由上而下或由内而外依次进行。

观察聚合草(螺旋状聚伞花序)、香雪兰(蝎尾状聚伞花序)、冬青卫矛(二歧聚伞花序)、丹参(轮伞花序)等植物的花序,注意区分花序类型之间的不同。(图 13-6)

图 13-6 花序(果序)的类型

【课后作业】

1. 写出百合花的花程式。绘百合花的解剖图并标注,解剖图包括外形图、纵剖图、内外轮花被片各 1 枚,雄蕊 1 枚,雌蕊、子房横切面。
2. 绘菊芋的聚药雄蕊图,并标注花丝和花药。
3. 绘百合、樱、桔梗、贴梗海棠的子房位置示意图。
4. 绘荠菜、茴香、香雪兰、冬青卫矛的花序简图,并注明花序类型。

【思考题】

1. 如何判断子房的位置?常见的子房位置类型有哪些?举例说明。
2. 常见的胎座类型有哪些?举例说明。
3. 如何区分有限花序和无限花序?

第十四章
果实和种子的形态

【实验目的】
1. 知识目标　掌握不同类型果实的形态特征,不同类型种子的形态特征。
2. 能力目标　能准确识别不同类型的果实和种子的形态特征。
3. 素质目标　培养理论联系实际的能力,如果实形态与药材采收期的关联。

【实验材料】
新鲜材料或标本　番茄、橘、枣、梨、黄瓜、决明、花椒、马兜铃、虞美人、荠菜、向日葵、玉米、板栗、杜仲、小茴香、八角茴香、五味子、金樱子、掌叶覆盆子、桑葚、无花果、菠萝的果实,蓖麻、蚕豆的种子。

【实验仪器、用品、试剂】　显微镜、解剖镜、镊子、刀片、解剖针。

【实验内容】

一、果实的形态和类型

1. 单果　单雌蕊或者合生心皮复雌蕊形成的果实,可分为:

(1) 浆果:由单心皮或多心皮合生雌蕊,上位或者下位子房发育形成的果实,外果皮薄,中果皮和内果皮肉质多浆,含 1 至多数种子,如番茄。

(2) 柑果:由合生心皮雌蕊,上位子房形成,外果皮较厚,革质,具油室;中果皮疏松,呈海绵状,具分支的维管束;内果皮膜质,分隔为若干室,内壁着生肉质多汁的囊状毛,如橘。

(3) 核果:单心皮上位子房发育形成,外果皮薄,中果皮肉质,内果皮木质化,形成了坚硬的果核,核内含有 1 枚种子,如枣。

(4) 梨果:由 2~5 心皮合生下位子房与花筒共同发育形成,花筒与外果皮、中果皮共同形成肉质可食的部分,中间界限不明显,内果皮坚韧,革质或者木质,常分隔为 2~5 室,每室常含 2 粒种子,如梨。

(5) 瓠果:由 3 心皮合生雌蕊,具有侧膜胎座的下位子房与花托共同发育形成,花托和外果皮形成了坚韧的果实外层,中果皮、内果皮和胎座肉质部分,为果实的可食用部分,如黄瓜。

(6) 荚果:由单心皮上位子房发育形成,成熟时沿背缝线、腹缝线两线开裂,果皮裂成两片,如决明。

(7) 蓇葖果:由 1 个心皮发育形成,成熟时沿背缝线或者腹缝线开裂,如花椒。

(8) 蒴果:由合生心皮的复雌蕊发育形成,子房 1 至多室,种子多数,成熟后有多种开裂方式,如马兜铃(纵裂)、虞美人(孔裂)。

(9) 角果:由 2 心皮上位子房发育形成,具假隔膜,成熟时沿腹缝线开裂,种子多数,有长角果和短角果之分,如荠菜。

(10) 瘦果：果皮薄，具有单粒种子，成熟时果皮易和种皮分离。菊科植物的瘦果由下位子房和萼筒共同形成，称连萼瘦果，如向日葵。

(11) 颖果：内含1粒种子，成熟时果皮与种皮愈合，不易分离，如玉米。

(12) 坚果：果皮坚硬，含1粒种子，有的坚果有由花序的总苞发育成的壳斗附着在基部，如板栗。

(13) 翅果：果皮的一端或周边向外周延伸成翅状，果实内含有1粒种子，如杜仲。

(14) 双悬果：由2心皮复雌蕊发育形成，果实成熟后分成2个分果，悬挂在心皮柄上端，心皮柄基部与果柄相连，每个分果含1枚种子，如小茴香。

2. **聚合果** 由1朵花中的离生心皮雌蕊形成的果实，每个雌蕊发育形成1个单果，聚生于同一花托上。根据单果类型不同，可分为：

(1) 聚合蓇葖果：多数蓇葖果聚生于同一花托上，如八角茴香。

(2) 聚合浆果：多数浆果聚生在延长或不延长的花托上，如五味子。

(3) 聚合瘦果：多数瘦果聚生于花托上。蔷薇科蔷薇属中，骨质瘦果聚生于凹陷的花托中，称蔷薇果，如金樱子。

(4) 聚合小核果：多数小核果聚生于突起的花托上，如掌叶覆盆子。

3. **聚花果** 由整个花序发育成的果实。如桑葚，开花后每个花被变得肥厚多汁，包被1个瘦果；无花果，由隐头花序形成的果实；菠萝，肥厚多汁的花序轴成为果实的食用部分，花不孕。（图14-1）

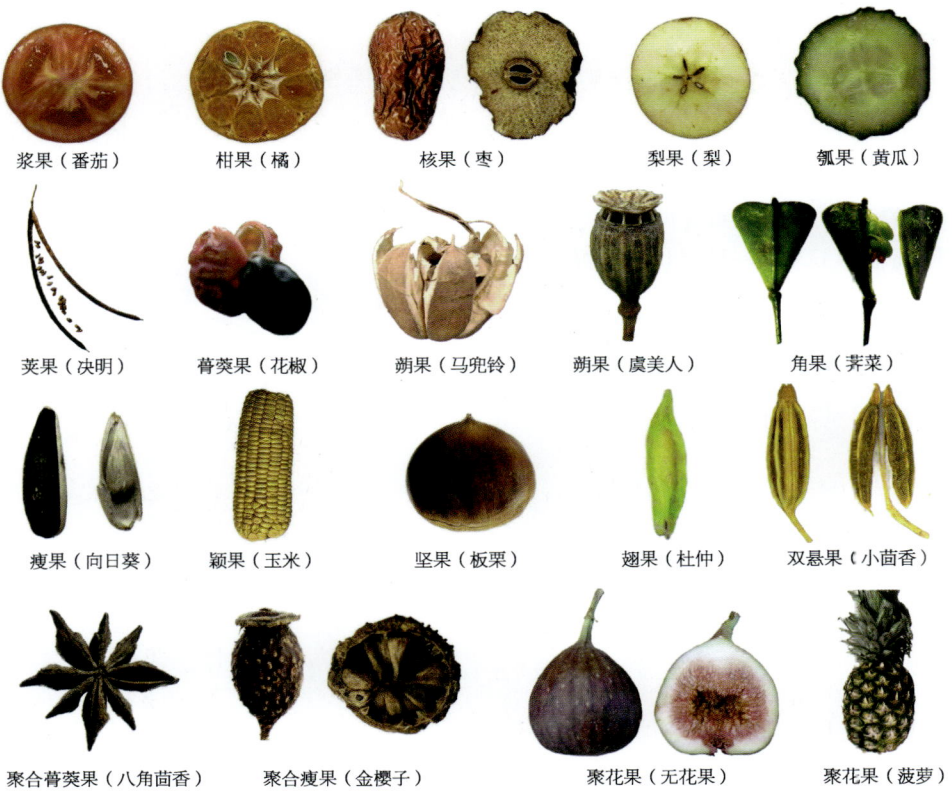

图14-1 部分果实形态图

二、种子的形态和类型

1. **有胚乳种子** 观察蓖麻种子,呈扁平广卵形,一面较平,另一面微隆起。外种皮具花纹,质硬脆,内种皮紧贴外种皮,呈乳白色膜质。种子一端有海绵状的突起物为种阜,剥开种阜可见种脐。在种子隆起的一面有1条纵向隆起的线为种脊。合点汇于种子较宽一端处。剥去种皮后可见乳白色的胚乳,平行于种子的宽面可把胚乳分成两半,能见到子叶,叶脉清晰,同时可见到胚根、胚芽和胚轴。(图14-2)

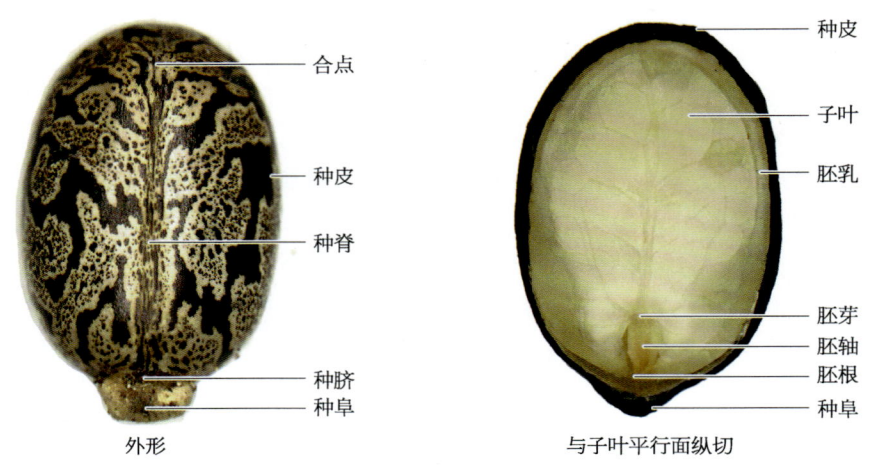

图14-2 蓖麻种子形态(有胚乳种子)

2. **无胚乳种子** 观察蚕豆种子,呈扁卵圆形,种皮革质,淡黄绿色。一端有隆起的眉条状种阜,剥去后有凹陷的瘢痕即种脐。在种脐同一端的种皮上有种孔,种脐的另一端有短的隆起部分为种脊。剥去种皮,可见两片肥厚的子叶,掰开子叶,可见子叶着生在胚轴上,胚轴的上端为胚芽,胚轴的下端有一呈尾状的胚根。(图14-3)

图14-3 蚕豆种子形态(无胚乳种子)

【课后作业】

1. 绘枣横切面简图,并标注各部位。
2. 绘小茴香、八角茴香、桑葚果实形态图,并注明果实类型。

3. 绘荠菜角果的解剖图。
4. 绘蓖麻、蚕豆种子外形图和解剖图，并标注各部位。

【思考题】
1. 如何判断一个成熟果实是真果还是假果？
2. 如何区分聚合果和聚花果？
3. 有胚乳种子和无胚乳种子在结构上有何差异？

第十五章
低 等 植 物

【实验目的】

1. 知识目标　掌握藻类植物的主要特征,水绵的细胞形态特点,真菌门子囊菌亚门的子囊果形态特点,地衣植物的形态特征,异层地衣构造。熟悉藻类接合生殖特点,真菌门担子菌亚门植物的主要特征,青霉菌分生孢子的形态特征,常见的药用低等植物。

2. 能力目标　能准确识别藻类植物、菌类植物和地衣植物的形态特征。

3. 素质目标　引导学生树立正确的自然观,认识到生物多样性的重要性,了解低等植物在生态系统中的重要作用。

【实验材料】

1. 新鲜材料　水绵。

2. 永久切片　水绵细胞形态装片、水绵接合生殖装片、海带横切片、虫草子座横切片、伞菌切片、青霉菌装片、异层地衣构造切片。

3. 药材标本　海带、冬虫夏草、茯苓、脱皮马勃、灵芝、松萝。

【实验仪器、用品、试剂】　显微镜、解剖镜、刀片、镊子、解剖针。

【实验内容】

一、藻类植物

1. 藻类植物形态

(1) 水绵:绿藻门接合藻纲植物,多分布于淡水池塘、沟渠等水体中,体形呈丝状,生长繁盛时可见碧绿色、棉絮状外观,具黏滑感,质柔软。

(2) 海带标本:褐藻门褐藻纲植物,暗褐色,分为固着器、柄和叶片三部分。固着器具分枝假根状;叶革质带状,两侧具波状褶皱。

2. 水绵细胞形态
取水绵细胞形态装片,显微镜下观察。由带状圆筒形的细胞构成,细胞壁外层具果胶质,每个细胞内有1至数条带状载色体,螺旋状;每条载色体上有1列造粉核。具1个大液泡;中央具1个细胞核,由原生质丝与细胞周围的原生质连系着。(图15-1)

3. 水绵接合生殖
取水绵接合生殖装片,显微镜下观察,两条并列的水绵在相对的细胞壁上形成突起,突起接触的端壁溶解形成接合管,一个细胞内全部原生质体经接合管进入另一个细胞中,两个细胞的原生质体全部结合,形成合子。(图15-2)

4. 海带横切面构造
取具孢子囊的海带叶片横切片,显微镜下观察。表皮为1~2层细胞,体积较小,排列紧密,有颗粒状黄褐色载色体;表皮之内为皮层,细胞较大,壁薄;中央为髓,由无色的髓丝构成;孢子囊与隔丝相间排列,隔丝细胞细长,顶端生有胶质冠,孢子囊内

可见孢子。（图15-3）

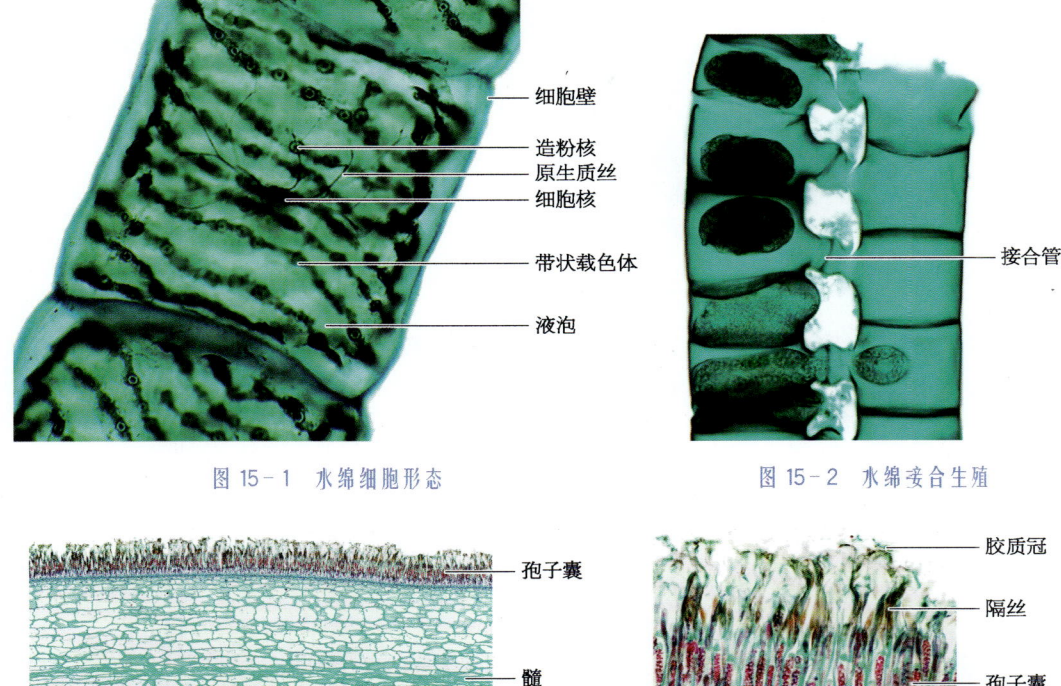

图15-1　水绵细胞形态

图15-2　水绵接合生殖

图15-3　海带横切面构造及局部放大图

二、菌类植物

1. 子囊菌亚门

（1）冬虫夏草标本："虫体"为充满菌丝的蝙蝠蛾科昆虫幼虫的僵虫菌核，头部具棍棒状子座，上端膨大，近表面生有许多子囊果。

（2）子实体：取虫草子座横切片，显微镜下观察，子座周围长有子囊果（子实体）。每个子囊果中产生许多子囊，每个子囊中常有2~8枚子囊孢子（不易分清）。（图15-4）

2. 担子菌亚门

（1）茯苓标本：菌核为不规则块状，表面有瘤状皱褶，淡灰至黑褐色，断面白色。

（2）脱皮马勃标本：子实体近球形，成熟时褐色，外包被片状脱落，内包被纸质，团块状，富弹性，产生褐色担孢子。

（3）灵芝标本：子实体木栓质，菌盖半圆形至肾形，上面红褐色有光泽，具环状横纹，下面白色，具多数管孔，内藏担孢子；菌柄生于菌盖侧面。

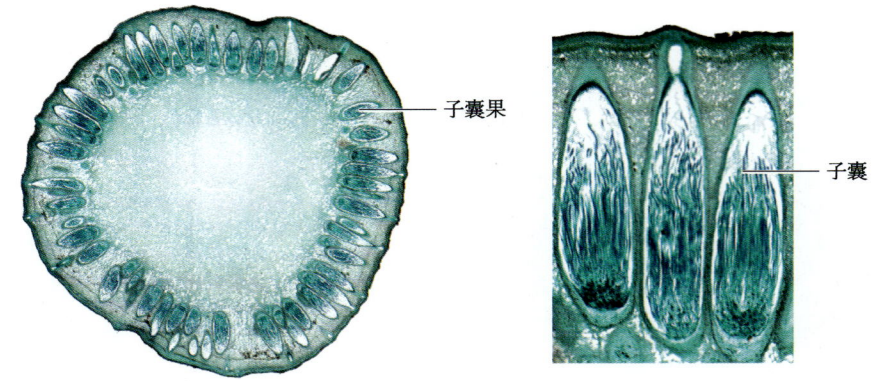

图 15-4　虫草子座横切片及子囊果

（4）伞菌切片：取伞菌切片置显微镜下观察，菌褶多数，菌褶两侧为子实层，中央为菌髓，子实层上有些菌丝生有担孢子（图 15-5）。

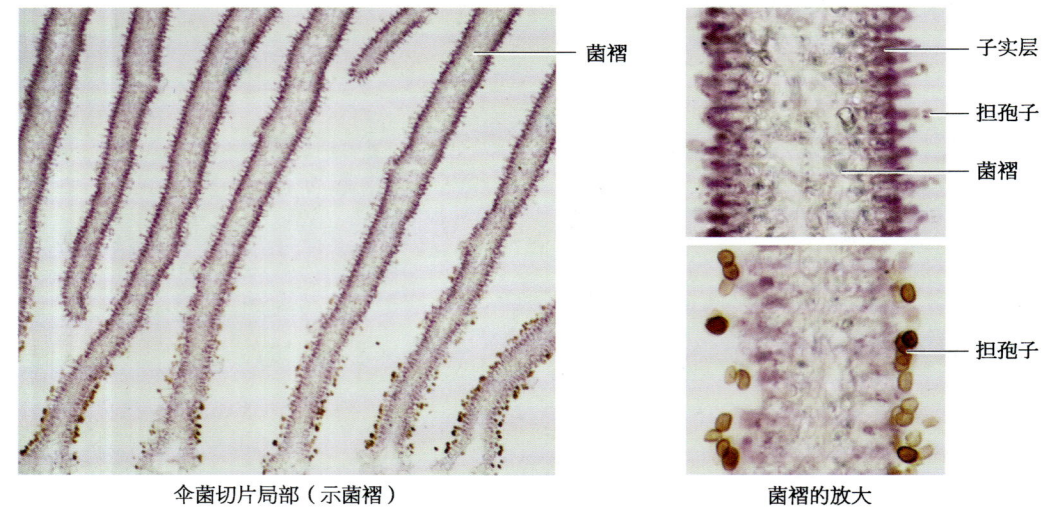

伞菌切片局部（示菌褶）　　　菌褶的放大

图 15-5　伞菌切片

3. 半知菌亚门　观察青霉菌装片。菌丝有横隔；分生孢子梗呈扫帚状，从每个小梗上产生一串分生孢子。（图 15-6）

三、地衣植物

1. 地衣形态　观察松萝的形态特征，为枝状地衣，地衣体呈丝状，灰黄色或灰绿色，基部分支少，先端分支多，表面有环状裂沟，横断面中央有韧性丝状的中轴，易与皮部分离。

2. 地衣组织构造　取异层地衣构造切片，显微镜下观察：

（1）最外层为皮层，由菌丝紧密交织而成，有上皮层、下皮层之分。

（2）上皮层内侧是由藻类细胞聚集形成的藻胞层。

（3）藻胞层下方为髓层，由排列疏松的菌丝组成。（图 15-7）

图15-6 青霉菌装片

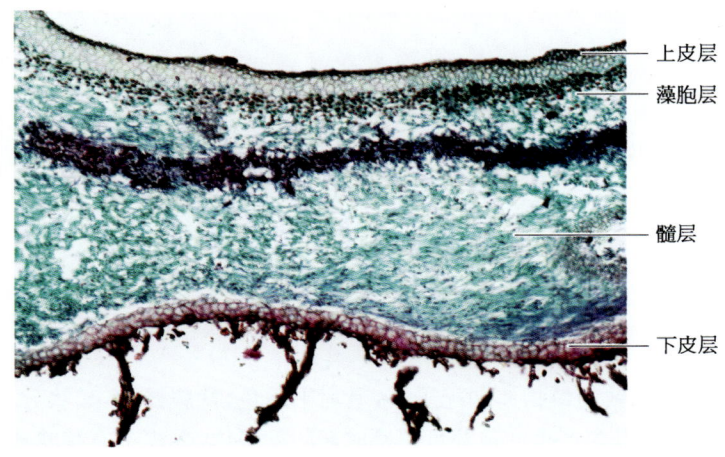

图15-7 异层地衣构造

【课后作业】

1. 绘水绵细胞形态图,并标注各部位。
2. 绘虫草子座横切面简图及子囊果形态图,并标注各部位。
3. 绘异层地衣构造简图,并标注各部位。

【思考题】

1. 简述藻类植物繁殖方式和生活史的多样性。
2. 子囊菌亚门的子囊果有几种类型,如何区分?

第十六章
高等植物（一）——苔藓植物

【实验目的】

1. 知识目标　掌握苔纲植物的主要特征，藓纲植物的主要特征。熟悉常见的药用苔藓植物。

2. 能力目标　能准确识别苔藓植物的形态特征。

3. 素质目标　培养生物多样性保护意识，了解苔藓植物在生态系统中的重要作用。

【实验材料】

1. 新鲜材料　地钱、葫芦藓。

2. 永久切片　地钱雄器托纵切片、地钱雌器托纵切片、地钱孢子体纵切片、葫芦藓雄枝纵切片、葫芦藓雌枝纵切片。

【实验仪器、用品、试剂】　显微镜、解剖镜、刀片、镊子、解剖针。

【实验内容】

一、苔纲植物

1. 地钱配子体　地钱的植物体即配子体，呈扁平绿色，背腹异面，叉状分枝。上面（背面）有孢芽杯，呈杯状突起，其内产生的孢芽可萌发成新的配子体，表皮上有棱状或多角状小块，小块中的白点即气室；下面（腹面）有鳞片和假根。地钱是雌雄异株，雄器托（精子器托）呈盘状，雌器托（颈卵器托）呈伞形。（图16-1）

图16-1　地钱配子体形态

2. 地钱雄器托　取地钱雄器托纵切片置于显微镜下观察，由托柄、托盘两部分组成，托盘呈圆盘状，具许多小孔腔，每个小孔腔内有1个精子器。（图16-2）

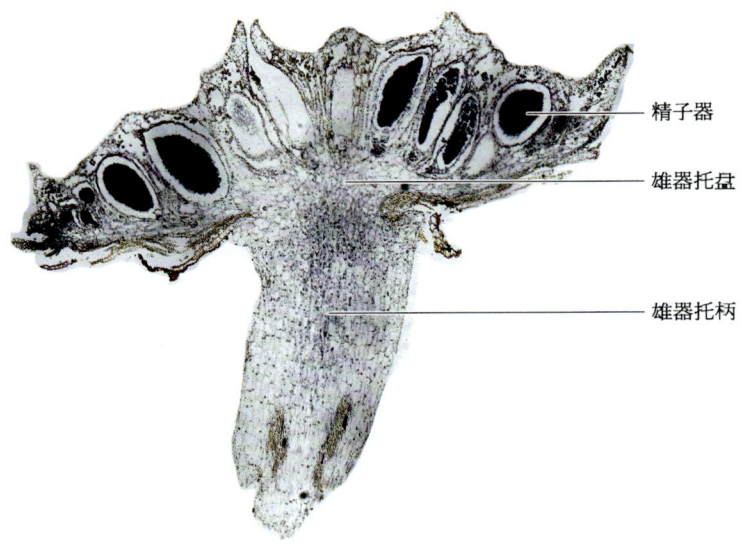

图16-2　地钱雄器托纵切

3. 地钱雌器托　取地钱雌器托纵切片置于显微镜下观察,由托柄、托盘组成,托盘具下垂的指状芒线,两芒线之间生有一列倒悬的颈卵器(图16-3)。每个颈卵器由单层细胞组成,长颈瓶状,分颈、腹两部分。颈部内有1列颈沟细胞,腹部内有2个细胞,上面1个称腹沟细胞,下面1个称卵细胞。成熟的颈卵器内腹沟细胞及颈沟细胞均已解体,精子器可进入与卵受精。受精卵在颈卵内发育成胚,由胚长成孢子体。

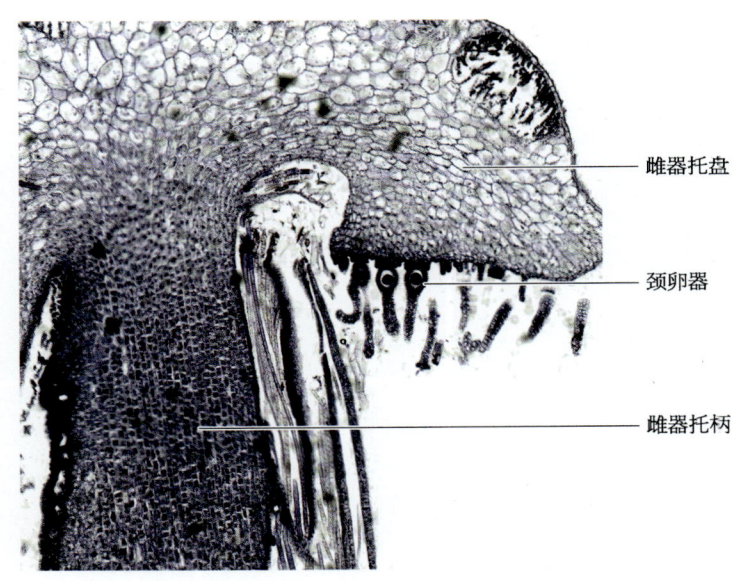

图16-3　地钱雌器托纵切

4. 地钱孢子体　地钱的孢子体寄生在配子体上,包括孢蒴、蒴柄、吸器(基足)三部分。取地钱孢子体纵切片置于显微镜下观察,基足依附在配子体上,基足上有一短柄为蒴柄,蒴柄上膨大成囊状的部位为孢蒴。孢蒴内长有许多有弹丝的孢子,孢子成熟时借助弹丝弹出。(图16-4)

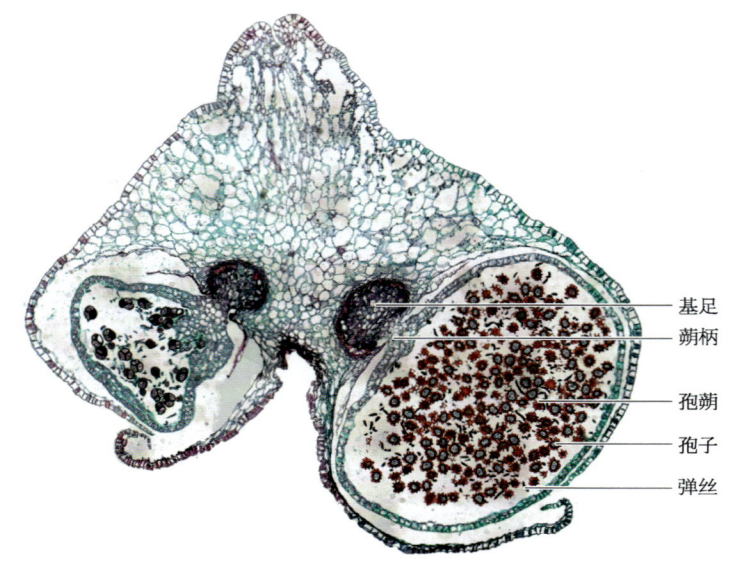

图 16-4 地钱孢子体纵切

二、藓纲植物

1. **葫芦藓形态** 取葫芦藓置于解剖镜下观察。配子体有茎叶分化,茎直立,高 1~3 cm,下部具假根。叶丛生于茎的上面,叶具中肋。孢子体寄生于配子体上,分为基足、蒴柄、孢蒴三部分,孢蒴顶端附有兜状蒴帽(颈卵器残留部分),蒴帽脱落可见蒴盖。(图 16-5)

图 16-5 葫芦藓形态

2. **葫芦藓精子器、颈卵器**　葫芦藓雌雄同株(但不同枝),分别取雄枝、雌枝纵切片,显微镜下观察。雄枝苞叶顶生,宽大,外翻,呈花朵状,内生精子器。雌枝的苞叶稍狭,包紧成芽状,内生颈卵器,受精卵在颈卵器内发育成胚,由胚长成孢子体,寄生在植物体(配子体)顶端。(图16-6)

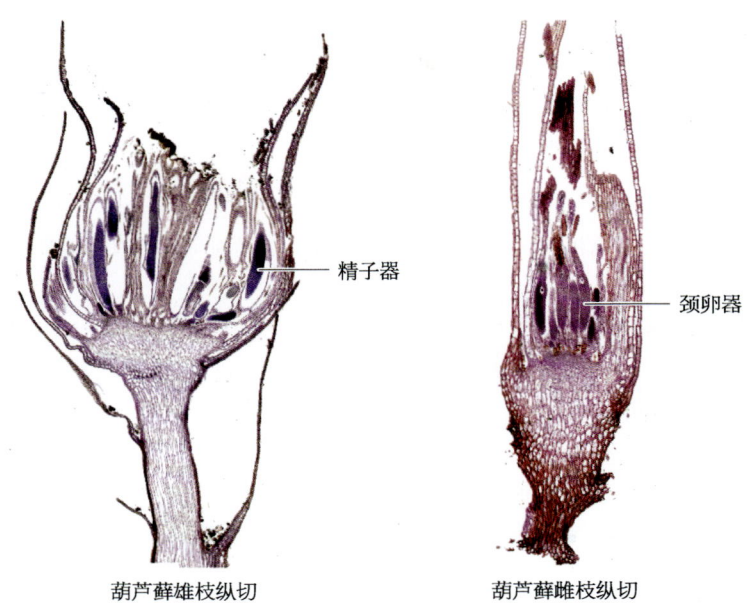

图16-6　葫芦藓雄枝、雌枝纵切

【课后作业】
1. 绘地钱配子体形态图,并标注各部位。
2. 绘葫芦藓孢子体、配子体形态图,并标注各部位。

【思考题】
1. 比较苔纲植物和藓纲植物的主要区别。
2. 试述苔藓植物的生活史。

第十七章
高等植物(二)——蕨类植物

【实验目的】
1. 知识目标　掌握蕨类植物的主要特征,孢子囊形态特征,蕨类植物组织构造特征。熟悉常见的药用蕨类植物。
2. 能力目标　能准确识别蕨类植物的形态特征。
3. 素质目标　培养对生命进化历程的科学认识和尊重生命进化的观念,了解蕨类植物在植物进化历程中的重要地位。

【实验材料】
1. 新鲜材料　槲蕨。
2. 永久切片　原叶体装片、原叶体幼孢子体装片、木贼茎横切片、松叶蕨茎横切片、蕨地下茎横切片。
3. 药材标本　节节草、翠云草、井栏边草、贯众。

【实验仪器、用品、试剂】　显微镜、解剖镜、刀片、镊子、解剖针、载玻片、盖玻片、蒸馏水。

【实验内容】

一、孢子体形态

观察以下蕨类植物的孢子体标本。

1. 节节草(楔叶蕨亚门木贼科)　枝一型,主枝有脊,髓腔中空;叶鳞片状,下部合生成"鞘筒",鞘筒上具"鞘齿",鞘齿边缘膜质。

2. 翠云草(石松亚门卷柏科)　主茎自近基部羽状分枝,侧枝二回羽状分枝,背腹压扁。单叶全缘,具虹彩;主茎上排列稀疏;分枝上呈4行排列,二型,上侧中叶2行,上指,下侧侧叶2行。

3. 井栏边草(真蕨亚门凤尾蕨科)　叶簇生,二型;不育叶一回羽状,叶缘具尖锯齿。能育叶羽片下部2~3对常2~3叉,上部几对基部常下延,在叶轴两侧形成狭翅;孢子囊群线形,囊群盖为反折的膜质叶缘形成,1层。

4. 贯众(真蕨亚门鳞毛蕨科)　根茎密被棕色鳞片。叶簇生,奇数一回羽状;侧生羽片披针形,上弯呈镰状,叶脉网状。孢子囊群遍布羽片背面,囊群盖盾状着生,全缘。(图17-1)

二、孢子囊形态

摘取槲蕨能育叶,用镊子从背面的孢子囊群中夹取少许孢子囊,制成水装片,显微镜下观察。

节节草　　翠云草

井栏边草　　贯众

图 17-1　蕨类植物形态

孢子囊具长柄,孢子囊壁由一层细胞组成,具环带,环带细胞的内壁和侧壁木质化增厚,呈 U 形加厚。具有若干个薄壁细胞组成裂口的唇细胞。孢子囊内有大量椭圆形的孢子。(图 17-2)

三、配子体构造

取原叶体装片,显微镜下观察。由一层细胞构成,体型小,为心形叶状体,有背腹面之分。腹面有假根,假根附近及原叶体边缘有精子器,心形凹陷处有颈卵器。精子器球形,突出于配子体表面,成熟后释放精子;颈卵器内含有卵细胞。取原叶体幼孢子体装片,显微镜下观察,成熟颈卵器内的受精卵发育成胚后,进一步生长为幼孢子体。(图 17-3)

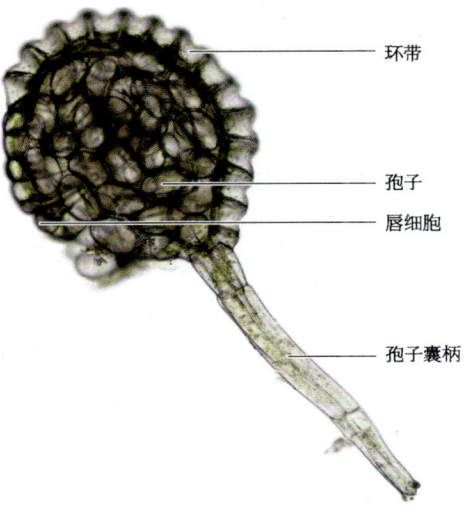

图 17-2　槲蕨的孢子囊

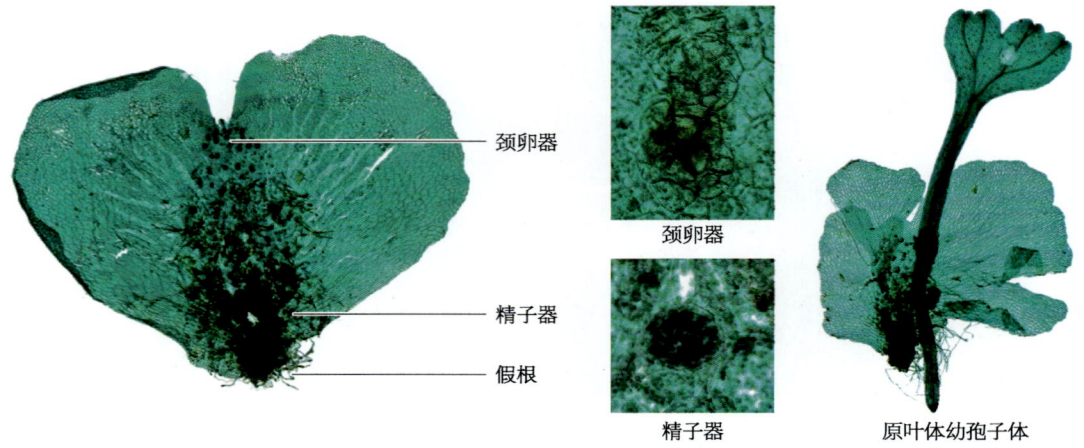

图 17-3 蕨类植物原叶体构造

四、孢子体组织构造

1. **木贼茎** 取木贼茎横切片置于显微镜下观察。横切面外侧呈波浪状,具明显的肋脊和肋槽。表皮细胞外壁有硅质瘤状突起,未见明显气孔,在肋脊处厚壁细胞分布较为集中。皮层薄壁细胞间每一肋槽对应分布有一槽腔,形状近圆形,两槽腔之间为脊腔,每个脊腔正上方均对应一个维管束。中柱含数个分体维管束,被1层内皮层包围。中央为一较大的髓腔。(图 17-4)

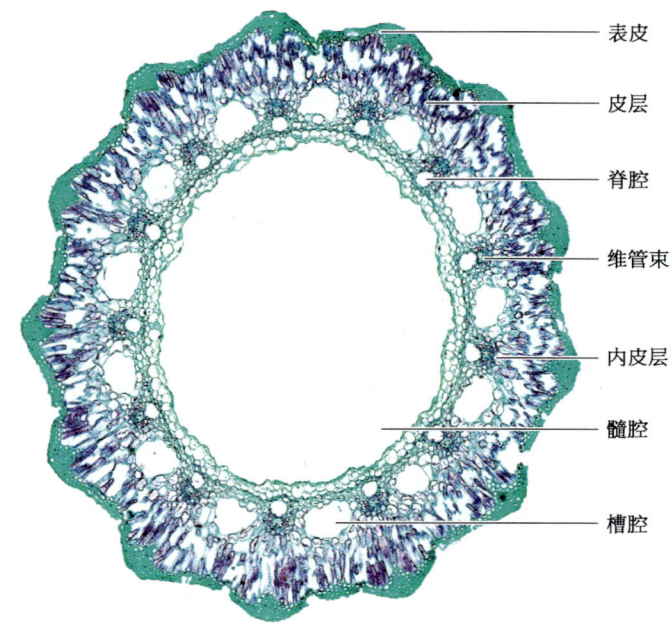

图 17-4 木贼茎横切面构造

2. 松叶蕨茎　取松叶蕨茎横切片置于显微镜下观察。茎为多边形。表皮由一层排列紧密的细胞构成。皮层从外向内依次为薄壁组织、厚壁组织、薄壁组织，均排列紧密。中柱为原生中柱（星状中柱），含一个周韧维管束，木质部呈放射状，管胞呈多边形，管胞壁明显加厚；韧皮部细胞形状不规则，包围在木质部周围。（图 17-5）

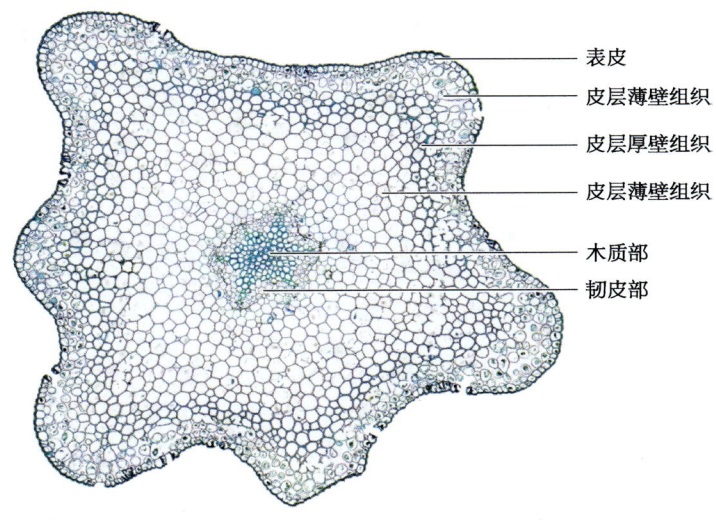

图 17-5　松叶蕨茎横切面构造

3. 蕨地下茎　取蕨地下茎横切片置于显微镜下观察。最外层为一层排列紧密的表皮细胞。表皮内方为数层皮层厚壁组织，皮层厚壁组织内方为多层皮层薄壁组织。皮层以内是中柱，中柱的维管束分离。每个维管束由木质部和韧皮部组成，为周韧型维管束；维管束的外面被维管束鞘包围。中央为髓部。（图 17-6）

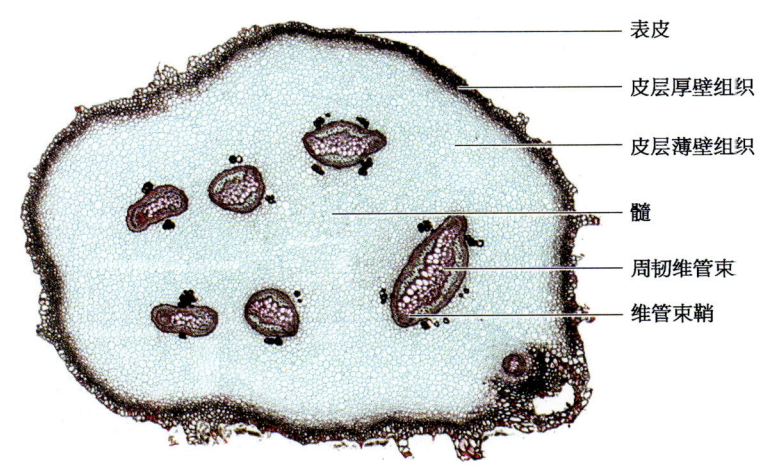

图 17-6　蕨地下茎横切面构造

【课后作业】
1. 绘槲蕨孢子囊形态图，并标注各部位。
2. 绘松叶蕨茎横切面构造简图，并标注各部位。

3. 绘蕨地下茎横切面构造简图,并标注各部位。

【思考题】

1. 拟蕨植物和真蕨植物的形态特征有何异同?

2. 2025版《中国药典》收载的蕨类植物药材有哪些?药用部位分别是什么?请结合蕨类植物形态特征进行总结。

第十八章
高等植物(三)——裸子植物

【实验目的】

1. 知识目标　掌握裸子植物的主要特征,苏铁纲、松柏纲、银杏纲的主要特征。熟悉常见药用裸子植物。

2. 能力目标　能准确识别各类裸子植物的形态特征。

3. 素质目标　了解裸子植物在医药、林业生产、园林绿化等方面的重要价值,增强合理利用自然资源、保护生态的意识。

【实验材料】

新鲜材料　苏铁、黑松、侧柏、银杏。

【实验仪器、用品、试剂】　解剖镜、刀片、镊子、解剖针。

【实验内容】　解剖并观察以下植物的特征。

一、苏铁纲 Cycadopsida

苏铁　*Cycas revoluta* Thunb. 木本,树干直立。羽状叶从茎的顶部生出,裂片条形,厚革质,坚硬,边缘向下反卷。雌雄异株。雄球花圆柱形,小孢子叶窄楔形,有急尖头,花药常 3 个聚生;大孢子叶密生绒毛,上部的顶片卵形,边缘羽状分裂,裂片条状钻形,先端有刺状尖头,胚珠生于大孢子叶柄的两侧,有绒毛。种子红褐色。(图 18-1)

二、银杏纲 Ginkgopsida

银杏　*Ginkgo biloba* L. 落叶乔木。叶扇形,具长柄,有多数叉状并列细脉,在短枝上成簇生状,在长枝上螺旋状排列散生,顶端常 2 裂。球花单性,雌雄异株。雄球花具梗,菜荑花序状,雄蕊多数,具短梗,螺旋状着生,常具 2 花药;雌球花具长梗,梗端常分两叉,叉顶具珠座,每珠座生 1 枚直立胚珠,通常仅一个叉端的胚珠发育成种子。种子核果状,外种皮肉质,中种皮骨质,内种皮膜质,胚乳丰富。(图 18-2)

三、松柏纲 Coniferopsida

1. 黑松　*Pinus thunbergii* Parl. 乔木。针叶 2 针一束,粗硬。球花单性,雌雄同株。雄球花淡红褐色,圆柱形,聚生于新枝下部;雌球花单生或 2～3 个聚生于新枝近顶端,直立,有梗,卵圆形。球果熟时褐色,圆锥状卵圆形,有短梗,向下弯垂;种鳞木质化,中部种鳞卵状椭圆形,

鳞盾微肥厚,鳞脐微凹,有短刺;种子具单翅。(图18-3)

图18-1 苏铁植株及解剖图

图18-2 银杏植株及解剖图

图 18-3 黑松植株及解剖图

2. **侧柏** *Platycladus orientalis* (L.) Franco 乔木。叶鳞形,叶背中脉有槽。花单性同株。雄球花黄色,卵圆形;雌球花近球形,蓝绿色。球果近卵圆形,成熟前近肉质,蓝绿色,被白粉,成熟后木质,开裂,红褐色,种鳞 4 对,种鳞的背部近顶端具一反曲的尖头。种子卵圆形,顶端微尖。(图 18-4)

图 18-4 侧柏植株及解剖图

【课后作业】
1. 绘黑松种鳞背面、腹面形态图,并标注各部位。
2. 结合黑松与侧柏的特征,比较松科与柏科植物特征的异同。
3. 绘银杏种子解剖图,并标注各部位。

【思考题】
1. 裸子植物有哪些主要特征?与蕨类植物相比,在哪些方面表现得更为进化?
2. 自学并简述红豆杉纲、买麻藤纲植物的主要特征。

第十九章
高等植物(四)——被子植物

【实验目的】

1. 知识目标　掌握被子植物的主要特征,石竹科、毛茛科、芍药科、木兰科、十字花科、蔷薇科、豆科、夹竹桃科、唇形科、玄参科、菊科、百合科、鸢尾科、兰科植物的主要特征。熟悉以上各科常见药用植物。

2. 能力目标　能准确识别被子植物主要科的形态特征,熟练运用解剖工具解剖和观察花的基本结构,熟练使用检索表。

3. 素质目标　培养分类学的基本素养和系统思维能力,了解被子植物对人类和生物圈的重要意义,形成植物资源保护意识。

【实验材料】

新鲜材料　石竹、刺果毛茛、牡丹、芍药、玉兰、含笑、诸葛菜、杏、紫藤、蔓长春花、活血丹、丹参、金鱼草、蒲公英、百合、唐菖蒲、泰国洋兰。

【实验仪器、用品、试剂】　解剖镜、刀片、镊子、解剖针。

【实验内容】　解剖并观察以下植物的特征。

一、石竹科 Caryophyllaceae

石竹　*Dianthus chinensis* L. 多年生草本。叶片线状披针形,脉平行,中脉较显。花单生枝端或数花集成聚伞花序;苞片4;花萼圆筒状,5齿裂,萼齿披针形;花瓣5,具长爪,紫红色、粉红色、鲜红色或白色,顶缘不整齐齿裂;雄蕊10;花柱2,线形;子房具长子房柄,1室,特立中央胎座,胚珠多数。(图19-1)

二、毛茛科 Ranunculaceae

刺果毛茛　*Ranunculus muricatus* L. 一年生草本。叶具长柄,叶片3中裂至3深裂,边缘有缺刻状浅裂或粗齿。萼片5;花瓣5,黄色,顶端圆,基部蜜槽上有小鳞片;雄蕊多数;心皮多数,离生;聚合果球形,瘦果扁平,周围有棱翼,两面各生10多枚刺。(图19-2)

三、芍药科 Paeoniaceae

1. 牡丹　*Paeonia suffruticosa* Andr. 落叶灌木。叶常为二回三出复叶。花单生枝顶,苞片5,萼片5,花瓣5,或为重瓣;雄蕊多数;花盘革质,杯状,紫红色,顶端有数个锐齿或裂片,完全

包住心皮,在心皮成熟时开裂;心皮常为5,密生柔毛。蓇葖果密生黄褐色硬毛。(图19-3)

图 19-1　石竹植株及解剖图

图 19-2　刺果毛茛植株及解剖图

图19-3 牡丹植株及解剖图

2. **芍药** *Paeonia lactiflora* Pall. 多年生草本。下部茎生叶为二回三出复叶,上部茎生叶为三出复叶;小叶边缘具白色骨质细齿。花数朵,生茎顶和叶腋,有时仅顶端一朵开放;苞片4~5,大小不等;萼片4;花瓣9~13;雄蕊多数;花盘不发达,浅杯状,包裹心皮基部;心皮常3~5,无毛。蓇葖果。(图19-4)

图19-4 芍药植株及解剖图

四、木兰科 Magnoliaceae

1. 玉兰 *Magnolia denudata* Desr. 落叶乔木。叶倒卵形或倒卵状椭圆形。花先叶开放；花被片9，内轮与外轮近相似，白色，基部常带粉红色；雄蕊多数，花丝紫红色，花药侧向开裂，药隔顶端伸出成短尖头；雌蕊多数，无毛，狭卵形，具锥尖花柱。聚合蓇葖果圆柱形。（图19-5）

图 19-5 玉兰植株及解剖图

2. 含笑 *Michelia figo*（Lour.）Spreng. 常绿灌木。叶革质，狭椭圆形或倒卵状椭圆形。花被片6，2轮，肉质，较肥厚，长椭圆形；雄蕊多数，花丝紫红色，花药侧向开裂，药隔伸出成急尖头；雌蕊群无毛，超出于雄蕊群，具雌蕊群柄。聚合蓇葖果卵圆形。（图19-6）

五、十字花科 Cruciferae

诸葛菜 *Orychophragmus violaceus*（L.）O. E. Schulz 一年或二年生草本。基生叶及下部茎生叶大头羽状全裂，上部叶长圆形，基部耳状，抱茎。花多数形成总状花序；萼片4，分离，紫色；花瓣4，分离，成十字形排列，紫色、浅红色，花瓣宽倒卵形，密生细脉纹，具爪。长角果线形。（图19-7）

六、蔷薇科 Rosaceae

杏 *Prunus armeniaca* L. 乔木。花单生，先于叶开放；花梗短，被短柔毛；花萼紫绿色；萼筒圆筒形；萼片卵形，花后反折；花瓣圆形至倒卵形，白色或带红色，具短爪；雄蕊 20～45，稍短于花瓣；子房被短柔毛，花柱下部具柔毛。（图 19-8）

图 19-6 含笑植株及解剖图

图 19-7 诸葛菜植株及解剖图

图 19-8 杏花枝及解剖图

七、豆科 Leguminosae

紫藤 *Wisteria sinensis*（Sims）Sweet 落叶藤本。总状花序；苞片披针形，早落；花梗细；花萼杯状，密被细绢毛，上方 2 齿甚钝，下方 3 齿卵状三角形；蝶形花，花冠紫色，旗瓣圆形，先端略凹陷，花开后反折，基部有 2 胼胝体，翼瓣长圆形，龙骨瓣较短，阔镰形；子房线形，密被绒毛，花柱无毛，上弯。荚果倒披针形。（图 19-9）

八、夹竹桃科 Apocynaceae

蔓长春花 *Vinca major* L. 蔓性半灌木，茎偃卧，花茎直立。叶椭圆形，对生。花单生于叶腋内；花萼 5 裂，裂片狭披针形；花冠蓝色，5 裂，花冠筒漏斗状，裂片倒卵形，先端圆形；雄蕊着生于花冠筒中部之下，花丝短而扁平，花药顶端有毛；花柱端部膨大，柱头有毛，基部为一增厚的环状圆盘，子房由 2 个离生心皮组成。（图 19-10）

九、唇形科 Labiatae

1. 活血丹 *Glechoma longituba*（Nakai）Kupr. 多年生草本，具匍匐茎。叶片心形，边缘具粗锯齿状圆齿。轮伞花序常 2 花；花萼管状，萼齿 5，先端芒状；花冠蓝至紫色，冠筒直立，雌花花冠筒较短，两性花花冠筒较长，上部渐膨大成钟形，冠檐二唇形；上唇 2 裂，下唇 3 裂，具深色斑点,中裂片最大,先端凹入;雄蕊4,后对较长;花柱细长,先端近相等2裂;花盘杯状,前方呈指状膨大;子房4裂。(图19-11)

图19-9 紫藤花序及解剖图

图19-10 蔓长春花植株及解剖图

图 19-11 活血丹植株及解剖图

2. **丹参** *Salvia miltiorrhiza* Bunge 多年生草本。奇数羽状复叶,小叶3～5,卵圆形,边缘具圆齿,两面被毛。轮伞花序组成具长梗的总状花序。花萼二唇形;花冠紫蓝色,被具腺短柔毛,冠筒外伸,冠檐二唇形,上唇镰刀状,向上竖立,下唇3裂,中裂片先端二裂。能育雄蕊2,药隔上臂伸长,下臂短而增粗,药室不育,顶端联合。花柱外伸,先端不相等2裂;花盘前方稍膨大,子房4裂。(图19-12)

图 19-12 丹参植株及解剖图

十、玄参科 Scrophulariaceae

金鱼草 *Antirrhinum majus* L. 多年生草本。总状花序顶生；花萼 5 深裂，裂片卵形；花冠红色、紫色至白色，筒状唇形，基部在前面下延成兜状，上唇直立，宽大，2 裂，下唇 3 浅裂，在中部向上唇隆起，封闭喉部，使花冠呈假面状；雄蕊 4，二强；子房 2 室，中轴胎座，胚珠多数。（图 19-13）

图 19-13 金鱼草植株及解剖图

十一、菊科 Compositae

蒲公英 *Taraxacum mongolicum* Hand.-Mazz. 多年生草本，具白色乳汁。叶基生，莲座状，叶片常羽状深裂。头状花序单生花葶顶端；总苞片数层，外层总苞片反卷，内层总苞片较长、直立；全为舌状花，两性，舌片黄色，先端截平，具 5 齿；聚药雄蕊，雄蕊 5，花药聚合，呈筒状，包于花柱周围，花丝离生，着生于花冠筒上；花柱细长，柱头 2 裂。瘦果具刺状突起，喙细长，冠毛多层，白色。（图 19-14）

十二、鸢尾科 Iridaceae

唐菖蒲 *Gladiolus gandavensis* Van Houtte 多年生草本。叶嵌迭状排成 2 列。蝎尾状聚

图 19-14　蒲公英植株及解剖图

伞花序,每朵花下有苞片 2,膜质;花在苞内单生,花被管基部弯曲,花被裂片 6,2 轮排列,内、外轮的花被裂片皆为卵圆形或椭圆形,最上面的 1 片内花被裂片特别宽大;雄蕊 3,花丝着生于花被管上;花柱顶端 3 裂,柱头具短绒毛;子房 3 室,中轴胎座,胚珠多数。(图 19-15)

图 19-15　唐菖蒲花序及解剖图

十三、兰科 Orchidaceae

泰国洋兰 *Dendrobium sp.* 总状花序,生于茎中部以上节上。花通常开展;萼片近相似,离生;侧萼片宽阔的基部着生在蕊柱足上,与唇瓣基部共同形成萼囊;唇瓣着生于蕊柱足末端,3裂;合蕊柱粗短,顶端两侧各具1枚蕊柱齿;蕊喙小;花粉团蜡质,卵形,4个,离生,每2个为一对;3心皮,侧膜胎座,胚珠多数。(图19-16)

图19-16 泰国洋兰花序及解剖图

【课后作业】
1. 分别绘以上各种植物花的解剖图,并标注各部位。
2. 分别写出以上各种植物花的花程式,并用分科检索表检索至科,记录检索过程。

【思考题】
1. 被子植物的主要特征有哪些?为什么说被子植物是目前植物界最进化的类群?
2. 选择以上6~8种植物编制分种检索表。